中国生态文明的
SST 理论研究

方 毅/著

U0229823

吉林出版集团股份有限公司

图书在版编目（CIP）数据

中国生态文明的 SST 理论研究 / 方毅著. -- 长春：吉林出版集团股份有限公司，2015.12（2024.1重印）

ISBN 978 - 7 - 5534 - 9830 - 0

I. ①中… II. ①方… III. ①生态文明－建设－研究－中国 IV. ①X321.2

中国版本图书馆 CIP 数据核字(2016)第 006822 号

中国生态文明的 SST 理论研究

ZHONGGUO SHENGTAI WENMING DE SST LILUN YANJIU

著　　者：方　毅

责任编辑：杨晓天　张兆金

封面设计：韩枫工作室

出　　版：吉林出版集团股份有限公司

发　　行：吉林出版集团社科图书有限公司

电　　话：0431 - 86012746

印　　刷：三河市佳星印装有限公司

开　　本：710mm×1000mm　　1/16

字　　数：210 千字

印　　张：12.25

版　　次：2016 年 4 月第 1 版

印　　次：2024 年 1 月第 2 次印刷

书　　号：ISBN 978 - 7 - 5534 - 9830 - 0

定　　价：56.00 元

目　录

第一章 绪 论

　　随着经济和社会的不断发展，生态失衡、环境污染和全球气候变化等一系列问题对人类的生存和发展提出了越来越严峻的挑战，越来越影响人类社会的可持续发展进程，"绿色经济""循环经济"和"低碳经济"等也逐渐成为全球范围内的热门话题，以实现人类社会的可持续发展为宗旨的"生态文明"也就自然成了当前人类经济社会发展的焦点问题之一。中共十七大开始了建设生态文明的伟大征程，胡锦涛总书记指出：建设生态文明，基本形成节约能源资源和环境保护的产业结构、增长方式和消费方式。中国进行生态文明建设，我们有必要对生态文明的相关概念进行重新审视，对生态文明建设的理论和实践进行系统考察，对中国建设生态文明的经济和社会环境进行系统分析，用"深绿色的生态文明"概念替代传统意义上的"浅绿色的生态文明"概念，以理论创新促进实践创新，进一步用"深绿色的生态文明"理念来引领我国生态文明建设的理论和实践，促进我国生态文明健康发展。

　　技术的社会形成（The Social Shaping of Technology）理论方法，自其建立以来就在科学技术哲学、科学技术史、科学技术与社会以及技术社会学等共同体受到广泛关注，而且在一些领域内屡试不爽。有学者借鉴 SSK 及 SST 理论，展开了"技术创新的社会形成"相关研究。本书将对技术的社会形成（SST）[1] 这一理论进行尝试性扩展，并用扩展后的理论分析生态文明建设理论和实践的相关问题。希望这一拓展和研究能够对技术的社会形成（SST）理论方法以及我国生态文明建设的理论和实践带来有益的启示。

---

① 李可庆等.技术创新的社会形成理论哲学探讨［J］.技术与创新管理，2006，27（6）：1～4.

第一节　选题背景和研究意义

2007 年 9 月，我进入中共中央党校研究生院攻读博士学位，时值中共十七大召开之前。我有幸参与了北京理工大学科技与社会研究所李世新副教授参编的生态文明相关书籍，并负责了有关我国生态文明建设战略举措方面的内容。正是在这次编写过程中，由于和李世新老师的多次接触，并经过其耐心指导和指引，我逐渐对生态文明的相关问题产生了浓厚的兴趣。生态文明既关心人的全面和自由发展，又关注人与自然的平衡和可持续发展。其根本目标是实现广义上人与人的平等，人与自然的和谐，生物与非生物的共进，过去与现在的统一，现在与未来的对话，时间与空间的协调，确保人类社会系统和自然生态系统协调与可持续发展。生态文明的出现是人类社会可持续发展的历史必然；生态文明的迅速发展是人类社会可持续发展的时代呼唤；生态文明的崛起是一场涉及生产方式、生活方式、消费方式以及价值观和发展观的深刻革命，是人类文明发展史上一次伟大的创新运动，也是人类文明发展史上的重要里程碑。

早在 1995 年 9 月，中国共产党第十四届五中全会就将可持续发展战略纳入国民经济和社会发展"九五"计划，明确地提出了"必须把社会全面发展放在重要战略地位，实现经济与社会相互协调和可持续发展"；在中共十六大报告中，把建设生态良好的文明社会列为全面建设小康社会的四大目标之一；十六届三中全会在总结以往的经验的基础上又提出了包括统筹人与自然和谐发展在内的科学发展观，使得我们对于生态文明的认识上升到一个新的高度。2007 年 10 月 15—21 日，中共十七大在北京召开，也正是在这次大会上，把生态文明第一次写进了报告。要"使生态文明观念在全社会牢固树立"，并提出要求："建设生态文明，基本形成节约能源资源和保护生态环境的产业结构、增长方式、消费模式。"在中央党校研究生院举行的"学习党的十七大精神"学术征文比赛中，我撰写的论文《中国特色生态文明之路》得到评委老师的认可，并获得三等奖，增强了我对生态文明相关问题进行深入研究的信心。

我在中共中央党校师从李建华教授攻读博士学位，专业方向为科学技术与社会，由于个人兴趣爱好的原因，加之在读书期间有幸得到中国社会科学院哲学所殷登祥研究员的指导，我逐渐对"技术的社会形成"理论方法产生了比较浓厚的兴趣。我的导师李建华先生在系统论以及系统科学哲学方面造诣很深，在攻读方向课程期间受益于先生的谆谆教诲，先生对于自然辩证法和自然系统的深刻把握不禁让我由衷的赞叹，同时也希望自己能够把先生教导的方法论原则应用于自己毕业论文的写作。我就希望能把技术的社会形成理论进一步推广成为一般的社会形成理论，即借鉴技术的社会形成理论的研究方法，同时把社会形成理论方法的研究对象扩大到技术以外。结合先生的系统论思想和对于自然辩证法的宏观把握，用社会形成理论分析中国生态文明理论和实践的相关问题，于是也就有了这个题目——中国生态文明的 SST 理论研究。

在经济全球化和世界一体化的今天，全球问题的严重程度已经成为战略决策不可忽视的任务。而面对人类共同的困境，不仅仅是那些重大事务的决策者需要思考的问题，更是我们每一个地球人的生存抉择。我们每个人都是决策者，我们自己选择着脚下的道路。因此，我们从地球村村民的角度，确切地说从中国村村民的角度来思考生态文明的问题。

当代中国进行生态文明理论的探讨和建设的实践，所处的国内和国际环境究竟如何？中国生态文明理论有何特色之处？中国应当采取何种战略方式才能高效地建设生态文明？当代中国的生态文明建设有哪些机遇和挑战？对于在建设中遇到的问题应当如何处置等一系列的实际问题的正确回答，绝非是在象牙塔下书斋中仅凭中外前贤的论著与名篇即可，而是需要在生活中日积月累，在学习中不断总结，在工作中经常创新，向经典理论学习的同时，向名家大家学习，向生活学习，向实践学习，不断探索中国进行生态文明建设的特色道路。

生态文明建设的理论和实践在当代中国仍处于探索阶段，技术的社会形成理论也在不断地创新和发展，而把技术的社会形成理论进一步推广并用其对中国生态文明建设的理论和实践进行分析也是一种尝试。我认为，这种尝试至少在两个方面具有积极作用：一方面，希望有助于技术的社会形成理论的不断深入发展和逐步完善，推动科学技术与社会学科的深入研究；另一方面，为生态文明建设的理论和实践提供新的研究视角和分析方法。

第二节　若干基本概念的界定

为了避免概念上的歧义影响对于相关问题的讨论，在这里对本书中采用的若干核心概念做出界定。这些概念包括浅绿色的生态文明、深绿色的生态文明和中国特色的生态文明等。

一、浅绿色的生态文明

文明一词有多种含义，马克思主义为，文明是人类社会物质生产和精神生产成果的总和，是指经过人的劳动和智慧的创造，并对人类社会发展起积极促进作用的东西，是人类社会进步程度和开化状态的标志。[①] 即文明是人类实践活动中进步、合理成果的积淀，文明的发展是人类生存方式和社会发展方式发展变化的重要标志。

根据不同的标准，文明可以有不同的划分。以文明的内容为标准，可分为物质文明、精神文明和政治文明等；以文明的性质为标准，可分为原始社会文明、奴隶社会文明、封建社会文明、资本主义社会文明、社会主义社会文明及共产主义社会文明；以文明产生的地域为标准，可分为中华文明、地中海文明、欧洲文明和非洲文明等；以文明代表的社会发展状态为标准，可分为原始文明、农业文明、工业文明和生态文明等。

以 17 世纪末发生于英国的第一次技术革命为开端标志的工业文明，迄今已有三百多年的历史。从后现代的观点看，科学革命、技术革命和产业革命对于人类的作用需要用后现代的思维来考量：一方面是科学技术迅猛发展，物质财富空前增加，极大地推动了人类社会的进步；另一方面也引发了一系列全球性的环境问题，带来了深刻的生态危机，严重地威胁着人类的生存与发展。

随着经济社会的不断发展以及人们对客观世界和人类自身认识的不断深化，人们逐渐发现：以环境污染和生态破坏为代价所换取的短期经济增长日益没有出路，而且其灾难性的后果日益影响着现代人类的生活，并将进一步对人类后代的生活造成更加恶劣的影响；以人类征服自然为主要目标的工业文明把人类社会推向了现代化，使人类改造和利用自然的能力空前强大，而由此导致的一系列全球性环境气候问题和生态危机也充分表明：地球再也没有能力支持传统工业文明的继续发展，人类迫切需要新的文明来延续人类的生存和引领社会的永续和健康发展，这就是生态文明。因此，追求人与人、自然和社会全面协调可持续发展的生态文明取代工业文明是时代的呼唤和历史的必然。

1962 年，美国海洋生物学家 R. 卡逊发表了震惊世界的警示性著作《寂静的春天》一书，拉开了对工业文明进行反思和批判的序幕，标志着人类已经开

---

① 肖前. 马克思主义哲学原理 [M]. 北京：中国人民大学出版社，1994：718.

始关注环境问题，同时也唤醒西方早期工业化国家的环境保护意识，也是生态文明思想的开山之作。

1972年，丹尼斯·L.梅多斯等为代表的罗马俱乐部发表了名为《增长的极限》的著名的研究报告。报告指出人类社会如果按照当时的速度继续发展，而不给予生态和环境足够的重视，那么人类社会的发展将会突破地球生态的极限。报告对于促进人们对于"全球性环境问题"的认识和理解，增加人们对于"全球性环境问题"的关注，都具有十分重要的意义，并成为环境保护领域的基础性理论著作，也是生态文明发展过程中一座重要的里程碑。

1972年6月5日至6月16日，联合国人类环境会议在瑞典的斯德哥尔摩召开，会议审议通过了《人类环境宣言》。《宣言》唤起了世界各国和各地区对环境生态问题的觉醒：人类只有一个地球，环境生态问题已经成为制约全球可持续发展的重要因素，各国需要共同采取行动，保护生态环境，为世界全体人民和子孙后代谋利益。因此说，这次盛会标志着人类已经深刻地认识到实现传统的工业文明向生态文明转型的重要性和紧迫性，也是生态文明发展史上的又一个里程碑。

1980年3月，世界自然保护联盟发表了《世界保护战略：可持续发展的生命资源保护》和《世界自然保护大纲》，不仅仅强调了自然资源保护的重要性，而且着重把它与人类社会的未来发展结合在一起，第一次提出了可持续发展的概念。1980年3月5日，联合国大会向世界发出呼吁："必须研究自然、社会、生态、经济及其与自然资源利用过程的基本关系，确保全球可持续发展。"1983年，联合国世界环境与发展委员会成立，同年12月，联合国授命挪威前首相布伦特兰夫人为世界环境与发展委员会主席，以"可持续发展"为基本纲领制定"全球变革的日程"。

1987年，由挪威前首相布伦特兰夫人领导的联合国"环境与发展委员会"向联合国提交的研究报告《我们共同的未来》，正式提出了可持续发展的模式，把可持续发展定义为：既满足当代人需求，又不危及后代人满足需求能力的发展。

我们把人类建立在对于环境污染和生态破坏的基础上而提出保护生态环境、保护自然家园的基本思想，基于环境污染而进行的环境保护而没有把环境保护与人类可持续发展相结合的生态保护实践，以及在此之前的生态文明理论和实践称之为浅绿色的生态文明。

二、深绿色的生态文明

20 世纪 90 年代，在可持续发展理论的指导下，各国政府逐步开始把生态环境保护作为一项重要的施政内容，构建生态文明开始由理论步入实践。1992年，在巴西里约热内卢召开联合国环境与发展大会，会议通过的《21 世纪议程》和《里约热内卢环境与发展宣言》为人类进行生态文明建设提供了重要的指导方针。此次会议把可持续发展进一步阐述为人类应享有以自然和谐的方式过健康而富有成果的生活的权利，生态环境保护工作应当是人类社会发展进程的一个重要组成部分，因此不能脱离这一进程来考虑，并且进一步把可持续发展战略列为全球发展战略。那次会议是人类构建生态文明的重要的里程碑。它不仅使得可持续发展的思想在全球范围内得到了广泛和最高级别的承诺，而且还使得可持续发展思想由理论走向实践，成为世界各国人民的行动纲领和行动计划，为生态文明的全面建设提供了重要的制度保障，真正拉开了生态文明时代的序幕。

1997 年 12 月 11 日，联合国气候变化框架公约参加国三次会议在日本京都召开，会议制定并通过了《京都议定书》。根据"共同但有区别的责任"原则，旨在遏制全球气候变暖的《京都议定书》为发达国家和经济转型国家规定了具体的和具有法律约束力的温室气体减排目标。《京都议定书》规定从 2008到 2012 年期间，主要工业发达国家的温室气体排放量要在 1990 年的基础上平均减少 5.2%，其中，欧盟将 6 种温室气体的排放削减 8%，美国削减 7%，日本削减 6%。

1999 年 10 月 25 日至 11 月 5 日，联合国气候变化框架公约第五次缔约方大会在波恩举行。会议通过了《公约》附件所列缔约方国家信息通报编制指南、温室气体清单技术审查指南、全球气候观测系统报告编写指南，并就技术开发与转让、发展中国家及经济转型期国家的能力建设问题进行了协商。

2005 年 2 月 16 日，旨在遏制全球气候变暖的《京都议定书》正式生效，当时全球已经有 141 个国家和地区签署了议定书，其中包括 30 个工业化国家。议定书规定工业化国家将在 2008—2012 年间，他们国家的全部温室气体排放量比 1990 年减少 5%。限制排放的气体包括二氧化碳（CO_2）、甲烷（CH_4）、一氧化二氮（N_2O）、氢氟氮化物（HFCS）、全氟氮化物（PFCS）、六氟化硫（SF_6）等。

2007 年 12 月 3—15 日，全世界 190 多个国家的政府领导人、谈判专家和科学家们在印尼巴厘岛开始了为期两周的 2007 年联合国气候变化大会。大会包括《联合国气候变化框架公约》第 13 次缔约方大会和《京都议定书》缔约方会议等一系列会议和活动。会议的主要任务是启动《京都议定书》2012 年到期后（第二承诺期）各国温室气体减排任务做出安排的谈判。《联合国气候变化框架公约》秘书处执行秘书德博埃尔在这次大会开幕式上指出："没有人能逃过气候变化的影响，所有国家都将受到波及。"中国国家发展和改革委员会副主任解振华在气候变化大会高级别会议上呼吁："气候变化是当前国际社会共同面临的重大挑战，应对这一挑战，需要世界各国在'共同但有区别的责任'原则下，真诚合作，做出共同努力。"在参会各方的共同努力下，会议共通过了 28 项决议，内容涉及适应气候变化基金、减少发展中国家因森林砍伐造成的温室气体排放、技术转让、能力建设、《京都议定书》下的灵活机制、国家通讯、财务和行政问题以及执行公约的长期行动等。会议最终艰难地达成的"巴厘岛路线图"，被称为"遏制全球气候变暖，拯救地球的路标"。

2009 年 12 月 7—18 日，《联合国气候变化框架公约》第 15 次缔约方会议暨《京都议定书》第 5 次缔约方会议在丹麦首都哥本哈根召开。来自 192 个国家的谈判代表共同商讨《京都议定书》一期承诺到期后的后续方案，即 2012 年至 2020 年的全球减排协议。从理论上讲，这次会议是继《京都议定书》后又一具有划时代意义的全球气候协议书，对地球今后的气候变化走向产生决定性的影响。也是一次被喻为"拯救人类的最后一次机会"的会议。实际上，哥本哈根气候会议结束后，未达成具有有约束效力的协议。但是，人类拯救地球的行动不应该停止，哥本哈根会议把许多难题留给了墨西哥的坎昆会议。

2010 年 11 月 29 日至 12 月 10 日，《联合国气候变化框架公约》第 16 次缔约方会议暨《京都议定书》第 6 次缔约方会议在墨西哥坎昆召开。这次会议有两个主要目的，一个是在《京都议定书》下，确定发达国家缔约方在 2012 年后第二承诺期的减排指标；另一个是在《公约》长期合作行动特设工作组下，没有参加《京都议定书》的发达国家应该承担与其他发达国家可相比的减排指标。同时，还将就如何向发展中国家提供资金和转让技术等做出安排，以便发展中国家在可持续发展框架下采取积极的应对气候变化行动。这次会议通过了两项应对气候变化决议，形成了《坎昆协议》，推动气候谈判进程继续向前，同时把希望和难啃的"硬骨头"一起留给了南非的德班会议。

我们把人类建立在可持续发展的基础上而提出制定了具有法律约束力和各个国家都有具体可以执行的节能减排目标的《京都议定书》，并在全世界范围内所有的国家得以实施，以及人们在生产实践中把全人类可持续的未来作为优先考虑的发展战略的生态文明理论与实践，称之为深绿色的生态文明。

三、中国特色的生态文明

当前，中国已经成为世界上举足轻重的经济体，但是经济发展过程中的一些问题也不容忽视。传统的高投入、高消耗、高排放、高污染、高碳特征的模式与拼资源、拼消耗、拼廉价劳动力的粗放特征依然在我国的经济中占据主导地位；主要靠投资拉动和出口拉动的局面依然是中国发展的主要动力；环境污染和生态破坏的态势没有从根本上得到遏制。

在我国人均 GDP 达到 3000 美元，经济密度达到每平方公里 300 万元人民币以上，第二产业比重超过 50%，能源消耗仍处于总量上升的态势，环境质量总体尚未达到库兹涅茨倒 U 型曲线拐点的位置，城乡居民收入差距仍高于 3.3∶1，基尼系数仍高达 0.46，二元结构仍在 3.0 以上，人均受教育年龄还未达到 12 年，人文发展指数低于 0.85 等情况下，此时正好对应着"人与自然"关系和"人与人"关系的瓶颈约束期，也是发展路径要求重塑的转型期，表现出"经济容易失调、社会容易失序、心理容易失衡、效率与公平需要调整和重建"的关键位阶。[①]

在当代中国，建设生态文明不能走传统的工业化道路，更不能像发达国家一样将污染转移出去。发达国家在生态文明建设过程中，有些方法是生态补偿制度，即"谁污染，谁负责治理"，这样的措施有利于生态文明的治理，但是并非是从根本上有利于生态文明建设，生态补偿制度的核心仍然没有摆脱"边污染边治理"或者"先污染后治理"的困境。中国特色的生态文明，只能把生态补偿制度作为一种亡羊补牢的弥补措施，而不是生态文明建设的主要方法。我们必须立足于我国处于社会主义初级阶段的基本国情，充分发挥社会主义制度优势，直面生态文明建设的机遇和挑战，自觉地走科学发展道路，走中国特色道路，建设中国特色生态文明。

我们把中国特色生态文明定义为：立足我国处于社会主义初级阶段的基本

① 牛文元. 中国科学发展报告（2010）[R]. 北京：科学出版社，2010：Ⅱ.

国情，以我国未实现工业化的现实为起点，以实现人的全面和自由发展为核心理念，充分发挥我国传统文化中生态智慧的优势，积极应对生态文明实践的挑战，以环境保护和生态修复为突破口，以统筹兼顾为根本方法，以我国生态文明建设为基本出发点，以实现全世界范围内的人口、资源、生态、环境全面协调可持续发展为最终目标的先进文明形态。

第三节　生态文明研究综述

随着人们对自然界认识的不断深入，人们逐渐认识到："生态环境"是人类赖以生存的必要前提和实现可持续发展的物质基础；由于工业社会以来造成的生态危机和环境破坏，使得人们对传统的人与自然之间的"征服与被征服"的关系有了全新的认识，人与自然只有和谐相处，人类的明天才有出路。但是人们对生态文明理论的相关研究也是由浅到深的渐进的过程，即从浅绿色的生态文明理论到深绿色的生态文明理论。

一、浅绿色的生态文明研究

在我国，马克思主义哲学的相关教科书中给出的生产力的概念是："生产力是人们解决社会同自然矛盾的实际能力，是人类征服和改造自然使其适应社会需要的客观物质力量。""所谓生产力就是人们征服自然、改造自然以获得物质生活资料的能力，是人们改造自然的物质力量，它表示的是生产中人对自然界的关系。"从这样的定义中我们可以读出：按照这种观点，人与自然的关系是征服与被征服和改造与被改造的关系；以现代西方科学技术的应用和社会化大生产为基本特征的工业文明，其主要目标是人类利用自然、改造自然和征服自然。

世界工业化的发展使得征服自然的文化达到极致，而一系列全球性生态危机说明地球再也没有能力支持传统工业文明的继续发展。时代的发展需要开创一个全新的文明形态来延续人类的生存，这就是生态文明。如果说农业文明是"黄色文明"，工业文明是"黑色文明"，那么，生态文明就是"绿色文明"。

英国经济学家马尔萨斯在 1798 年出版的《人口原理》一书中预测，如果任其自然，人口会呈现几何图式的增长，而人类所需食物的增长最多是算术方式，最后的结局将十分悲惨：人口增长超越食物供应，会导致人均占有食物的减少。1962 年，美国的海洋生物学家蕾切尔·卡逊（Rachel Carson）发表了生态文明史上划时代的著作《寂静的春天》一书，拉开了人们关注生态和保护环境的序幕。1971 年，美国著名学者莱斯特·布朗出版了《拯救地球：如何形成环境上可持续的全球经济》一书。1972 年，丹尼斯·L. 梅多斯博士等组成的罗马俱乐部提交给国际社会的一个报告，命名为《增长的极限》。报告所提出的诸如人口问题、粮食问题、资源问题和环境污染问题（生态平衡问题）等全球性问题，现已成为世界各国学者专家们热烈讨论和深入研究的重大问题；报告提出的"零增长"的理念已经为大家所熟悉，这种理念既是对传统的一味地强调经济增长而不顾生态环境恶化的一种挑战，也是对世界经济社会可持续发展的一种建设性建议。这份报告及其他类似的文章、专著具有一个共识是：如果人类继续现有的科技开发方式、人口增长速度和资源消耗结构不变，那么，地球的生态环境将遭到严重的破坏，资源有可能耗尽，世界人口和工业生产也将最终发生非常突然、无法控制的崩溃。

1972 年 6 月，联合国在斯德哥尔摩召开了有史以来第一次"人类与环境会议"，讨论并通过了著名的《人类环境宣言》，提出了可持续发展的概念，从而揭开了全人类共同保护环境的序幕，也意味着环保运动由群众性活动上升到了政府行为。伴随着人们对公平（代际公平与代内公平）作为社会发展目标认识的加深以及对一系列全球性环境问题达成共识，可持续发展的思想随之形成。1981 年，美国著名学者莱斯特·布朗出版了《建立可持续发展的社会》一书，对可持续发展观作了系统的阐述，它分析了经济发展遇到的一系列问题，如土地沙化、资源耗竭、石油短缺、食品不足等，具体提出了控制人口增长、保护资源基础、开发再生资源等途径。

1983 年 11 月，联合国成立了世界环境与发展委员会。1987 年，由挪威前首相布伦特兰夫人领导的联合国"环境与发展委员会"向联合国提交的研究报告《我们共同的未来》，提出了可持续发展思想，标志着人类对生态文明的认识上升到了新的水平。

根据浅绿色生态文明的概念，我们可以把人们进行生态文明研究发展到此阶段，重点在于概念的提出和理论的分析的生态文明，称为浅绿色的生态文明理论研究。

二、深绿色的生态文明研究

丹尼斯·L.梅多斯在1972年出版《增长的极限》一书之后，又在1991年出版了《超越极限——正视全球性崩溃，展望可持续的未来》一书，此书于2001年被上海译文出版社翻译出版。新书引用了最新的环境学资料，并运用计算机模型进行了大量而细致、具有说服力的分析。不仅对现实问题的解决提出了思路，而且还倡导从系统、结构甚至是思维模式上为解决人类生存危机寻找突破口。

1992年，联合国环境与发展大会通过的《21世纪议程》，是生态文明发展的一座重要的里程碑。1997年通过的《京都议定书》是《联合国气候变化框架公约》缔约方第三次会议的重要成果。根据"共同但有区别的责任"原则，旨在遏制全球气候变暖的《京都议定书》，为发达国家和经济转型国家规定了具体的和具有法律约束力的温室气体减排目标：所有发达国家二氧化碳等6种温室气体的排放量要比1990年减少5.2%。各个发达国家从2008年到2012年必须完成的削减目标是：与1990年相比，欧盟削减8%、美国削减7%、日本削减6%、加拿大削减6%、东欧各国削减5%至8%。新西兰、俄罗斯和乌克兰可将排放量稳定在1990年的水平上。同时，议定书允许爱尔兰、澳大利亚和挪威的排放量比1990年分别增加10%、8%和1%。

2002年5月31日，欧盟及其成员国正式批准了《京都议定书》。中国于1998年5月签署并于2002年8月核准了该议定书。2004年11月5日，俄罗斯总统普京在《京都议定书》上签字，使其正式成为俄罗斯的法律文本。美国人口仅占全球人口的3%至4%，而排放的二氧化碳却占全球排放量的25%以上，为全球温室气体排放量最大的国家。美国曾于1998年签署了《京都议定书》。但在2001年3月，布什政府以"减少温室气体排放将会影响美国经济发展"和"发展中国家也应该承担减排和限排温室气体的义务"为借口，宣布拒绝批准《京都议定书》。2005年2月16日，《京都议定书》正式生效。这是人类历史上首次以法规的形式限制温室气体排放。

2001年11月，莱斯特·布朗出版了《生态经济：有利于地球的经济构想》，论证了环境并非像许多企业策划家和经济学家所认为的那样，是经济的一部分；相反，经济是环境的一部分，如果接受后一种观点，经济就必须设计得与它所隶属的生态系统相适应。哈佛大学教授、两次普利策奖得主威尔逊称赞此书"一出版就成为经典"。

2003 年，布朗教授推出又一本力作——《B 模式：拯救地球　延续文明》。不仅对重组经济做了进一步的论证，而且指出为何必须以战时的速度进行。剩下的时间不多了，而且在不断地消逝。在漫长的岁月中，我们赖以生存的是自然资产所产生的利息，而目前我们正在消耗着这些资产本身。我们已经建立了一种环境泡沫经济，其经济产出靠人为地过度消耗地球资产而膨胀。当今面临的挑战是在泡沫破碎之前加以紧缩。我们面临的主要威胁，目前是环境多于军事。恐怖主义是一种威胁，但是它们造成的破坏，比之倘若环境泡沫经济崩溃所带来的遍布于全球的苦难，可谓是小巫见大巫。美国国防部的报告也提出，"气候变化的问题，不应该仅是纯粹的科学辩论，而应该提升到国家安全的层次考虑"。

全球范围内的一系列科考证据让我们有理由认为，气候变化是比恐怖主义带来更严重威胁的人类的未来变量。由于化石燃料燃烧产生的二氧化碳等温室气体，阻止地球热量以红外辐射形式散发到太空。在"北极曙光号"科考船上进行的研究项目发现，对比 1928 年拍摄的照片，智利和阿根廷边界上的 Patagonia 冰川在过去的近 80 年时间里，正以 43 立方公里/年的速度消失。而类似的情况也发生在 San Quintin 冰川和 Upsala 冰川。联合国环境专员 Klaus Topfer 宣称，在北半球，一团超过三公里厚的污染云雾正覆盖着亚洲的天空。在 2004 年 1 月 8 日出版的《自然》杂志上：来自于欧洲、澳大利亚、中南美洲和非洲的科学家们，在对占地球表面积 20％的全球 6 个生物物种最丰富的地区进行了为期两年的研究后发现，全球气候变暖将在未来 50 年中，使得陆地上 25％的动植物遭受灭顶之灾。

2004 年 6 月 2 日，在波恩举行的一次可再生能源会议上，世界银行执行理事彼得表示，世界银行将在未来 5 年中逐年提高对可再生能源项目的贷款，幅度为每年 20％。2009 年 6 月 26 日，联合国开发计划署驻华代表处主任南书毕在 2009 国际生物经济大会上说，世界各国应采用包括生物能源在内的可代替能源来取代传统的化石能源，以减少温室气体的排放。预计到 2050 年，生物能源将占世界能源供应的 1/4。

2008 年 5 月，国家环保部部长周生贤在为《低碳经济论》一书所写的序言中指出：低碳经济是以低能耗、低排放、低污染为基础的经济模式，是人类社会继农业文明、工业文明之后的又一大进步。其实质是提高能源利用效率和创新清洁能源结构，核心是技术创新、制度创新和发展观的转变。发展低碳经济，是一场涉及生产模式、生活方式、价值观念和国家权益的全球性革命。

我们根据深绿色生态文明的概念，把世界各国以人类社会的可持续发展作为战略目标，进行的相关的生态文明理论研究和实践探索，称为深绿色的生态文明研究。

三、中国特色的生态文明研究

2002 年 11 月，中共十六大报告把建设生态良好的文明社会列为全面建设小康社会的四大目标之一。2007 年 10 月，中共十七大报告，第一次把生态文明建设写入报告。这标志着在当代中国，生态文明建设已经远远不是生态文明理论研究者和环境保护主义者们孤单的呐喊，而是成为一种社会性活动，已经成为政府行为。中国不少学者也以此为契机，纷纷对中国生态文明建设提出建议和意见。

2005 年 4 月 21 日，新华网全文转载了河北省环境保护局局长姬振海在《光明日报》上发表的题为《对建设中国特色生态文明的若干思考》的文章。文章不仅分析了生态文明的含义和特点以及深刻认识生态文明建设的紧迫性，还积极探索生态文明建设的有效途径。

2007 年 8 月，人民出版社出版了姬振海的专著《生态文明论》一书，该书认为，建设社会主义生态文明，是全面建设小康社会的重要目标，是中国特色社会主义建设过程中一项重大的理论与实践课题。随着科学发展、社会和谐的理念深入人心，环境保护和生态平衡日益成为公众关注的问题，如何认识生态演变与人类文明的关系？如何实现人与自然和谐共生？人类社会的生态治理前景如何？面对这些与人类前途命运息息相关的问号，社会各界都在寻证求解，作者也给出了自己的实践探索。

2007 年第 43 期《瞭望》杂志刊发了国家环保总局潘岳的文章《生态文明的前夜》，文章指出：西方失去了成为生态文明领头羊的机会，而为中华民族的跨越式发展提供了契机。党的十七大报告首次提出"建设生态文明""生态文明观念在全社会牢固树立"，这是中央对中国特色社会主义道路的最新阐述。生态文明的建设，必将大大地促进中国特色社会主义的建设。

《内蒙古农业大学学报》（社会科学版）2008 年第 3 期刊发了高鹏的《关于生态文明建设的系统思考》一文，文章认为：生态文明建设是一项日益迫切的重大任务。科学发展观是生态文明建设的方向保障，生态产业和生态技术是建设的物质基础，人与自然和谐的文明观是建设的精神动力，良好的法律法规是建设的坚实后盾。

《重庆科技学院学报》（社会科学版）2008 年第 6 期发表了伍少霞的《建设生态文明的若干思考》一文，文章指出：党的十七大首次将"生态文明"写进党的报告，这是中国特色社会主义理论体系的又一创新。生态文明的崛起是一场涉及生产方式、生活方式和价值观念的世界性革命，是不可逆转的世界潮流，是人类社会继农业文明、工业文明后进行的一次新选择。

《中国地质大学学报》（社会科学版）2008 年第 4 期发表了刘思华的文章《对建设社会主义生态文明论的若干回忆》，文章概述了作者在几十年的学术生涯中，所创立的生态文明与四大文明（物质文明、政治文明、精神文明、生态文明）全面协调发展理论，尤其是在我国学术界最早提出建设社会主义生态文明的新命题；并把它纳入马克思主义生态文明观和生态马克思主义经济学的理论框架，展示出马克思主义生态文明观的当代新形态。

2008 年第 6 期《经济体制改革》杂志刊发了宋华的《对生态文明建设国家战略落实的初步研究》一文，文章指出，实施生态文明建设战略，是贯彻落实科学发展观，促进经济又好又快发展的重要行动，是建设中国特色社会主义的重要实践。生态文明建设国家战略落实的基本思路为：以国家生态文明建设规划为线索，重点从规划的空间落实、规划的行动落实两个方面构建生态文明建设国家战略落实框架。具体对策建议包括：培育生态文明观念，大力发展生态文化；统筹推进，构建生态文明建设的支撑体系；转变消费模式，倡导绿色消费；构筑生态产业体系，大力发展生态经济等。

2008 年第 5 期《毛泽东邓小平理论研究》上刊发了陈学明的《在中国特色社会主义的旗帜下建设生态文明的战略选择》一文，文章指出，目前许多国家都在探讨建设生态文明的发展战略。在中国特色社会主义的旗帜下建设生态文明，应当、可以选择的战略是推行"以生态导向的现代化"，把工业文明建设与生态文明建设结合在一起，实现绿色工业化和绿色城市化。有三种不可能也不应该选择的战略：我们不应当停止现代化的脚步，回到前现代状态去；我们也不应当把建设生态文明只是视为将来要做的事，执意按照传统现代化的途径走下去，完全不顾及传统现代化对生态文明的破坏；我们更不应当像发达工业国家那样，把现代化所造成的破坏自然环境等种种负面效应"转移""转嫁"到其他国家和地区去，让他人为我们承受自然界对人类的惩罚。

2008 年，中央编译出版社出版了吴凤章的专著《生态文明构建：理论与实践》一书，该书对我国的生态文明建设进行了理论探索，提出了生态文明（城镇）评价指标体系，并总结了厦门市生态文明建设的宝贵经验。该书认为，随着人类对工业文明的反思和社会生产力的发展，生态文明建设不仅成为 21 世纪的时尚，而且已成为社会发展的趋势，21 世纪必然是生态文明的世纪。

2008 年，上海人民出版社出版了诸大建的专著《生态文明与绿色发展》一书，该书研究了生态文明的内涵，人类文明发展的历史轨迹，改革开放以来对生态文明的认识过程，生态现代化，生态修复与生态转型，生态文明与科学发展、社会和谐，建设资源节约型、环境友好型社会，可持续发展体制机制等问题。

2009 年 3 月，中央编译出版社出版了严耕等人编写的《生态文明理论构建与文化资源》一书，全书分为生态文明的理论建构、科学发展观与生态文明、生态文化的继承与发展等三个部分，收录了谈谈生态文明、西方现代发展理论和发展观的价值危机、生态文化的深层建构、中国古典园林文化中的生态和谐理念等众多论文。

2009 年 7 月，中国环境科学出版社出版了黄国勤的《生态文明建设的实践与探索》一书，书中在调查研究的基础上，对区域（分中国、中国南方、中国中亚热带地区等不同层次）生态安全面临的问题及建设生态文明的若干对策和措施等进行了分析，并以江西省泰和县千烟洲、江西省新余市和江西省婺源县为案例，探索具有地区特色的生态文明建设新模式。

2010 年 7 月，科学出版社出版了《中国科学发展报告（2010）》一书，主编牛文元先生是国务院参事、中国科学院可持续发展战略研究组组长、首席科学家。该报告以国内可持续发展顶级专家的独特视角，对中国可持续发展的现状进行了全面的阐述，深入探讨科学发展的内涵，总结科学发展的实践，定量评估了各地区科学发展的能力。报告还以自然科学与人文科学的交叉为特征，系统地阐述了发展理论和发展观的历史演进，重点解析了绿色发展的战略内涵、宏观判定、战略目标、路线图和科技支撑体系，对中国部分省市的绿色发展进程进行了宏观识别，并设计了它们的绿色发展路线图。在深刻揭示科学发展内涵的"动力表征""质量表征"和"公平表征"的基础上，全面、定量地对中国部分省市进行了"科学发展水平"的统一判别，并做出了相应的"发展能力资产负债表"分析，定量检测和评估了各地科学发展的动态水平，为各地区在新阶段、新情况下继续推进科学发展、提高发展质量和发展水平提供了可靠的基础和有益的指导。

我们根据中国特色生态文明的概念，把我国实现可持续发展与人类社会的可持续发展相结合，进行相关的生态文明理论研究与实践建设，称为中国特色生态文明研究。

综合以上材料，生态文明已经不仅仅是停留在理论和口号的层面上了，世界各国都已经行动起来进行生态文明的建设实践，但是，不同的国家和地区由于理论认识和科技发展水平的差异，以及有些国家（如美国）的特殊战略考虑，尽管理论研究比较前沿，但实践行动与理论研究相差比较大，特别是政府的政策性导向对于生态文明的建设很不利。有些发展中国家出于公平的考虑，结合自身的经济和科技发展状况，无论是理论研究还是建设实践，总体上都很落后。可以说，无论是发达国家还是发展中国家，无论是东方国家还是西方国家，在生态文明建设的理论研究和建设实践上都有很长的路要走。

第四节　SST 理论研究综述

SST 理论是"技术的社会形成（the Social Shaping of Technology）"的英文缩写。DonaldMacKenzie 和 Judy Wajcman 于 1985 年出版的《The Social Shaping of Technology》一书，标志着"技术的社会形成"理论方法的正式建立。其后，技术的社会形成理论得到了学界越来越多的重视，并成为科学技术与社会研究领域（STS）一个有价值的理论方法，也因此得到了较快的发展。下面就以知识社会学为开端，对国内外关于 SST 理论的相关研究作一归纳。

一、知识社会学与 SSK

1997 年第 5 期《国外社会科学》发表了李三虎的文章《当代西方建构主义研究评述》，文中对知识社会学、科学知识社会学（SSK）以及建构主义等进行了系统的评述。知识社会学历史悠久，甚至可以追溯到弗朗西斯·培根、卡尔·马克思、康德等人的时代。在科学哲学领域，也曾经出现过科学知识社会学（SSK），并对科学的社会学研究具有较大的影响。知识社会学关心的主题是揭示特定的知识和信念实体怎样受到社会和文化背景的影响。知识社会学长期以来将信念分成数学和自然科学与包括诸如宗教信仰、哲学体系等在内的所有的社会科学，并认为前者是质朴的，不为任何利益所玷污的，而社会科学等学问则是意识形态的、受主观思想和利益影响的，因而常常将数学和自然科学置于知识的考察。

观察渗透理论，即：理论的附属成分包含着各种形式的测量理论，有关的观察结果是由用来检验的理论范式决定的，观察在某一理论中得出，在与之竞争的和继承的范式中其含义不同。更为具体地说，约定主义的哲学本体论和相对主义认识论肯定是直接促进了建构主义的研究。库恩、汉森、奎因等科学哲学家和科学史家的研究和探索表明，科学事实、科学评价标准和科学理论范式都是相对的、不可通约的或非中介的，这样用单纯的理性逻辑就不足以说明科学认知的真实情况。于是，从库恩等人的思想中获得灵感的建构主义学者们，开始大胆地进行对默顿科学社会学、传统知识社会学等进行批判和挖掘。其涉及范围之广，观点、命题之深，声势之大，以至于许多人认为科学社会学已经进入了"后库恩时代"。后来，出于对技术决定论的不满，技术社会学也被卷入到建构主义的研究中。①

2001 年第 11 期《自然辩证法研究》杂志上发表了莫少群的文章《SSK 科学争论研究评述》，文章认为，科学知识社会学（SSK）把科学争论作为重要的研究场点，以表述其相对主义的和社会建构论的知识主张。该文章概述了 SSK 科学争论研究的基本策略、主要代表人物和经验研究纲领，并做出相关评价。

2001 年第 5 期《自然辩证法通讯》杂志上发表了肖峰的文章《技术的社会形成论（SST）及其与科学知识社会学（SSK）的关系》，该文章认为，技术的社会形成论（SST）是自 20 世纪 80 年代兴起至今仍在欧美尤其是欧洲十分盛行的一种对技术的社会研究流派，它以建构主义的方法研究技术的社会形成过程，十分强调技术是由社会因素塑造的，对技术决定论持否定的态度，主张技术应对社会学开放，即运用社会学方法去考察社会的、体制的、经济的和文化的力量对技术起形成作用的方式，为认识技术与社会的关系提供了一种新的视角。SST 是在科学知识社会学的直接影响下产生的，它的许多核心概念，如"解释的灵活性""结束机制""协商"和"对称分析"等，都是直接将 SSK 对科学知识的社会建构分析扩展到对技术的相同分析的产物，由此表明科学的人文社会研究与技术的同类研究有着十分紧密的关系。

2002 年第 3 期《自然辩证法研究》杂志上发表了蔡仲的文章《"强纲领"SSK 的相对主义特征》，文章认为，"强纲领"SSK 的相对主义特征体现在对实在、科学方法、实验和理论的解构中，体现在对科学知识的意识形态化中，

---

① 李三虎. 当代西方建构主义研究评述 [J]. 国外社会科学，1997，25（5）：11～12.

体现在其后现代主义的特征上。这种思潮不仅威胁到科学技术的正常发展，而且还危及人类文明的健康发展。

2006 年第 3 期《淮阴师范学院学报》（哲学社会科学版）发表了蔡仲等人的文章《强纲领 SSK 的认识论分析》，文章认为，SSK 的工作在一定意义上意味着科学从逻辑实证主义的象牙塔中解放出来，使科学哲学的研究走向科学实践、从宏观的叙事走向经验案例的利益、地域文化与性别的分析。然而，"强纲领" SSK 走向逻辑实证主义的另一个极端，否定了自然在认识中的基础地位，只强调社会因素的意义，从而导致对客观性的全面解构，走向了相对主义。

2009 年第 3 期《科学技术与辩证法》杂志上发表了阎莉等人的文章《走向科学的实践研究——后 SSK 的自然主义选择》，文章认为，20 世纪 90 年代以后，科学知识社会学从 SSK 转向后 SSK，开始了对科学的实践研究。后 SSK 克服了 SSK 对规范主义过分追求的弊端，深入到科学具体领域，对行动中的科学进行了微观社会学考察，真正实现了科学知识社会学最初发起者所倡导的自然主义研究进路。

2003 年第 4 期《内蒙古大学学报》（人文社会科学版）发表了任玉凤等人的文章《社会建构论从科学研究到技术研究的延伸——以科学知识社会学（SSK）和技术的社会形成论（SST）为例》，文章认为，伴随着科学知识社会学（SSK）的产生而逐步形成体系的社会建构论，主张站在社会学的角度分析科学知识的产生，强调社会因素对科学的建构。这种建构主义的分析问题方式逐渐由科学观延伸到了技术观，并在此基础上形成了技术的社会形成论（SST）。社会建构论作为一种方法论从 SSK 研究到 SST 研究的延伸，表明科学的人文研究对技术的人文研究有着十分密切的联系。

2006 年第 5 期《科学技术与辩证法》杂志上发表了王阳等人的文章《社会建构论与技术研究的新视野》，文章认为，科学知识社会学向技术的转向形成了社会建构技术的崭新研究方法和研究观点。一方面，它突破了技术发展的线性模式，转而强调技术形成的多向性、非线性特征；另一方面，它主张技术成功不单纯是技术本身创新的成功，更是依赖于技术系统的成功。文章表明，社会建构论能够运用于技术研究领域，科学知识社会学的对称性原则能够有效地向技术研究扩展。

2007 年第 4 期《自然辩证法通讯》杂志上发表了蔡仲等人的文章《从"认识论的鸡"之争看社会建构主义研究进路的分野》，文章指出，自然"认识论的鸡"之争是 20 世纪 90 年代发生在社会建构主义内部的 SSK 与后 SSK 之间的一场争论，它集中体现了两者之间的诸多分歧：在本体论上，表现为社会实在论与自然—社会混合本体论的对立；在认识论上，表现为规范主义进路与描述主义进路的对立；在科学观上，表现为表征科学观与实践科学观之间的对立。它代表了社会建构主义的一次重要转向。

可以说，科学哲学相关理论的发展和延伸，从知识社会学到科学知识社会学，然后发展到了社会建构主义，并把研究对象从科学知识扩展到技术，甚至是科学技术与社会的相互关系，这就为技术的社会形成理论的出现奠定了基础。

二、社会形成理论与社会建构论

国内关于社会形成理论（包括社会建构、社会形塑和社会选择）的研究相对比较晚，有的注重于对国外相关研究的分析和介绍，有的则是结合中国社会经济发展的实际，以及中国技术创新的环境而提出关联中国实际的 SST 理论的研究。

2002 年，人民出版社出版了肖峰教授的专著《技术发展的社会形成——一种关联中国实践的 SST 研究》一书，该书是对技术的一种兼容理论和实际的"中观研究"，它上承技术的社会形成理论，下接中国技术发展的现实，既不是一种纯粹的学理思辨，也不是完全的现状分析，而是在两者过渡的中间层次上的对技术的理论研究和中国技术发展实际问题加以对接式的探索，并力求通过这种中观的研究使得理论避免空洞、现状避免就事论事，实现学术性和实践性的融合。

2002 年第 6 期《上海大学学报》（社会科学版）上发表了安维复的《科学哲学的最新走向——社会建构主义》一文，文章指出，科学哲学并不是逻辑经验主义的专利，人本主义等也是科学哲学的研究框架之一。从逻辑经验主义、历史主义和人本主义等研究框架看，现代科学哲学正走向社会建构主义。

2002 年第 12 期《自然辩证法研究》杂志上发表了安维复的《从社会建构主义看科学哲学、技术哲学和社会哲学》一文，该文章即在《科学哲学的最新走向——社会建构主义》的基础上进一步指出，社会建构主义认为知识是"社会建构"的产物。从社会建构主义看科学哲学，就会有社会建构论的科学哲学——科学是被社会建构的；从社会建构主义看技术哲学，就会有社会建构论的技术哲学——技术是被社会建构的；从社会建构主义看社会哲学，就会有社会建构论的社会哲学——社会是被社会建构的。

2003 年，文汇出版社出版了安维复教授的《技术创新的社会建构：建立健全国家创新体系的理论分析与政策建议》一书，书中提出，现代科技革命对当代社会发展具有重要意义，甚至有人认为我们已经进入了"以知识为基础的经济"（OECD）及其"信息技术促进可持续发展的知识社会"（UNCSTD）。但是现代科技革命究竟是什么？是"科学发现的逻辑"？还是"科学的社会建构"？我们如何理解现代社会？如何理解马克思的唯物史观？作者都进行了逐一分析和解答。

2004 年，首都师范大学出版社出版了殷登祥主编的《技术的社会形成》论文集，全书分为五个部分。第一部分"科学、技术与社会（STS）研究"，共 6 篇论文，概述了 STS 的起源、内容、方法、争论和发展趋势，并对当代科技革命的本质和特点、风险和希望、科技预测、诺贝尔奖等进行了 STS 分析。第二部分"爱丁堡学派：技术的社会形成（SST）理论"，共 10 篇论文，概括介绍了该学派的理论、观点、方法和历史渊源，在技术政策和咨询方面的应用，以及在信息网络技术、城市交通技术等领域和一些国家的案例研究。第三部分"社会的科学技术研究"，共 9 篇论文，阐述了"科学技术是第一生产力"和"人是生产力的首要因素"两者之间内在的统一性；论述了科学技术，特别是高科技对经济社会、伦理道德、价值观念、心理活动、生态环境等的深刻影响，展望了未来信息社会、智能社会和生态文明社会的前景。第四部分"科学技术的社会研究"，共 8 篇论文，探讨了马克思主义的技术社会理论、技术建构论的本质观，还应用技术的社会形成（SST）观，对鲍德里亚的媒体符号论、技术创新、技术管理、消费创新、经济民主、网络社群的自治伦理和全球化背景下科技发展的时空特性等，进行了比较深入的研究。第五部分"有德国特色的 STS 研究"，共两篇论文，论述了技术创新中持续和活力之间的张力，以及尤纳斯的高技术时代的责任伦理观。

2004 年，南开大学刘珺珺教授的博士刘汉林，其博士论文题目为《技术的社会型塑——镇江香醋酿制技术变迁的社会学考察》。作者以 SST 的理论和视角解读中国传统技术，并检视 SST 理论。对 SST 的核心概念"无缝之网"进行了质疑，提出了"有缝之网"的假设，力图在这一概念上有所创新。其具体方法是通过调查江苏恒顺醋业股份有限公司，考察了镇江香醋酿制技术变迁的社会型塑情况。并把历史考察分三个时期进行：传统社会、计划经济时代、市场经济时期。通过对镇江香醋酿制技术在不同社会条件下发展变迁的历史性考察和分析，对 SST 理论进行了独特的检视。

2005 年第 5 期《科学技术与辩证法》杂志上发表了李建珊的文章《后现代主义、经验论与社会建构主义》，文章认为，在哲学领域，特别是科学哲学领域，社会建构主义思潮的影响越来越大，"建构"成为极为时髦的哲学话语：知识的建构、技术的建构、权力的建构……该文章从与之密切关联的经验主义、后现代主义角度给以分析，并揭示建构主义的内涵。

2005 年，东北大学技术哲学博士文库出版了邢怀滨博士的《社会建构论的技术观》一书，书中从技术观的层面对社会建构论进行了系统梳的理与剖析，通过对社会建构论思想演变的历史考察，首先澄清了社会建构论的基本含义：它强调社会因素在技术发展中的作用，但并不等于社会决定论。在此基础上，将蕴涵于社会建构论中的技术观分为层层衔接的四个方面：技术本质观、技术结构观、技术演化观和技术政策观。作者认为，社会建构论将技术视为一个社会过程，一种社会文化实践。包括人类与非人类在内的行动者构成了技术的基本要素，行动者之间的互动成为基本分析单位。这一技术本质观表明了社会建构论特定的考察视角，即从社会因素，从人类的行动入手分析技术及其发展。针对社会建构论易于将技术的全部内容，尤其是自然的客观规律都归结为社会建构，从而走上极端的潜在危险之路，作者尝试性地提出了"技术是部分的社会建构的"这一命题，并建立了技术内容的"可塑因—不可塑因"的二分法，力图表明技术中的有些组分是社会建构的，有些则不是。

2007 年，人民出版社出版了肖峰教授的《哲学视域中的技术》一书，该书从哲学的角度对技术进行了多层面的研究，主要包括对技术的本体论、社会历史哲学和元伦理学的研究，各个层面又包含了若干独特的分析视角，如本体论中关于技术的存在论视角、社会历史哲学中关于技术的社会形成视角、元伦理中关于技术的善恶及其实现方式选择的视角等，力求通过对这些基础性和前沿性问题的深入分析，来展示技术问题的哲学深度和广度。

2006 年第 6 期《技术与创新管理》杂志上发表了葛勇义等人的文章《技术创新的社会形成理论哲学探讨》，文章认为，有学者借鉴 SSK 及 SST 理论的"强纲领"和核心概念，提出了对技术创新的一种新的社会学分析的理论构架——SSTI（技术创新的社会形成）。由于 SSTI 的基本出发点是建立在对技术创新的认识上，从认识论着手开始对技术创新的本质和研究方法提出质疑，因而 SSTI 本身就具有很强的哲学意味，应当对 SSTI 中存在的哲学问题加以探讨。这些哲学问题的解决与否以及解决的结果，势必将影响到这一新的研究方向的进展。

从以上分析可以看出，社会建构论的研究对象已经从当初的知识发展到后来的技术，现在又用来分析技术创新，正如技术的社会形成理论的代表人物之一——英国爱丁堡大学的威廉姆斯教授所说，"技术的社会形成"理论是一种对技术与社会复杂关系进行具体分析的方法理论。SST 方法理论，在研究和争论中，已经被证明是富有成果的，它自身也正在不断发展变化。伴随着新工具和分析概念的发展，我们对技术的特征及其社会意义的理解发展很快。"技术的社会形成"方法理论是一个开放的系统观，要把它不同支系的所有研究方法完全糅合在一起很难。各种分析策略和概念同时在不断进展，但它们都明显有自己的分析传统。新产生的清晰的概念正在沟通概念间的鸿沟。虽然在认识论方面和不同社会科学的基本理论之间仍旧存在分歧，但是它们正共同在"技术的社会形成"理论系统的完善和对创新环境的研究中逐渐成熟。①

因此，借鉴"技术的社会形成"理论的分析方法，并把这种理论方法应用于中国生态文明的相关研究，具有一定的创新性，也有一定的理论意义和现实意义。但是，创新就会带来风险：技术的社会形成理本来是分析社会发展中的技术，即研究对象是"技术"，对"技术"的研究结果则是"技术"在社会中形成，而新形成的"技术"进一步对社会产生新的影响。这就使得"技术"与"社会"互为影响者与被影响者，进一步形成了技术影响社会和社会影响技术的互动关系。而用技术的社会形成理论分析非技术对象——"生态文明"，则具有一定的风险性。作者深知此项工作难度较大，但是愿做尝试，希望通过本书的研究为中国在目前的国际背景和中国的社会现实的双重约束条件下，进行中国特色的生态文明建设提供可参考的建议。

第五节　本书的研究方法和基本框架

一、本书的研究方法

为了最大程度的实现和达到研究目的，本书主要采用了如下四种基本研究

---

① ［英］威廉姆斯. 技术研究与技术的社会形成观导论［A］. 殷登祥. 技术的社会形成［C］. 北京：首都师范大学出版社，2004；81～88.

方法：

第一，逻辑与历史相统一的方法。逻辑与历史相统一的方法是马克思主义研究的根本方法。马克思曾指出："逻辑的研究方式是唯一适用的方式。"同时，马克思又指出："但是，实际上这种方式无非是历史的研究方式，不过摆脱了历史的形式以及起扰乱作用的偶然性而已。"[①] 也就是说，逻辑的方法不过是"摆脱了历史的形式以及起扰乱作用的偶然性"的历史方法。因为，"历史从哪里开始，思想进程也应当从哪里开始，而思想进程的进一步发展不过是历史进程在抽象的理论上前后一贯的形式上的反映；这种反映是经过修正的，然而是按照现实的历史进程本身的规律修正的"[②]。因此，历史的方法又不是简单的偶然事实的堆砌和叠加，反而是按照其内在的固有联系加以规律性分析的逻辑方法。本书涉及对生态文明、SST 理论发展史的研究，必然要遵从历史与逻辑统一的方法和路线。没有历史作背景的逻辑是不可理解的逻辑，没有逻辑作理路的历史是不可把握的历史。

第二，比较分析方法。本书广泛采用了比较研究的方法，例如：在探讨中国和西方的生态文明理论和实践、中国和发达国家关于生态文明理论和实践之间的区别与联系等。可以说，比较分析的方法始终贯穿着全文。没有这种相近、相似的事物和概念之间的相互比较和分析研究，就很难较为清晰地把握它们各自的深层本质与特点。

第三，定量分析与定性分析相结合的方法。定性分析就是对事物本质的分析，定量分析则是对某一事物或社会现象进行总量的分析。定量分析与定性分析相结合的方法是反映事物全貌，提高有关事物信息、关系和规律综合水平的一个重要手段。本研究对中西方在生态文明实践过程中的相关统计数据进行了定量对比分析，同时对中国和发达国家生态文明相关理论进行了定性的比较分析。

第四，多学科交叉研究的方法。由于研究中所涉及问题的复杂性和多样性，本书除了从科技哲学学科出发进行研究之外，还广泛地涉及了系统科学理论、政治学和循环经济学、低碳经济学等多学科知识，力图在运用多学科知识的基础上进行综合研究，力求在交叉学科研究中有所突破和创新。

二、本书的基本框架

第一章，交代了本书写作的缘起，对一些重要概念进行了界定，包括对于

---

① 马克思恩格斯全集·第 13 卷 ［M］. 北京：人民出版社，1962：532.
② 马克思恩格斯全集·第 13 卷 ［M］. 北京：人民出版社，1962：532～533.

浅绿色生态文明、深绿色生态文明、中国特色生态文明等相关范畴进行了界定，意在使行文概念相对清晰，最后，对全文的写作思路做了交代。

第二章，分别对马克思主义的生态文明思想和相关理论以及现代西方国家特别是美国的生态文明理论进行了对比分析，并对西方发达国家包括美国、欧盟、澳大利亚和日本等国家的生态文明实践进行了定量分析和定性分析。

第三章，从《易经》《道德经》等中国古代经典著作以及中国儒家的"天人合一"等理论出发，对中国古代生态文明思想和理论进行了定性的比较分析。然后，再对中国现阶段的"自上而下"的生态文明理论和"自下而上"的生态文明实践进行了分析，以期对中国的生态文明理论和实践有更加深刻的理解和认识。

第四章，分析进行中国特色生态文明建设的理论基础，主要包括系统科学理论、低碳经济理论、循环经济理论、绿色经济理论和可持续发展理论等。

第五章，介绍了当今世界通行的和正在开发的生态文明相关技术，包括节能技术、新能源技术、水电技术、核能技术、氢能技术以及当下流行的碳捕获与碳封存相关技术，以期为进行中国特色的生态文明建设提供可靠的技术保障。

第六章，以科学史研究的外史论转向为逻辑起点，通过对知识社会学、科学知识社会学，以及以爱丁堡学派为代表的 SST 理论进行系统的梳理，通过对技术的社会形成理论的历史沿革进行深入的研究和分析，对 SST 理论进行推广，把 SST 理论方法的研究对象扩大到生态文明，即从社会综合的因素来分析生态文明建设的相关理论和实践问题。

第七章，通过以上各章节的理论与实践分析，形成结论。

第二章 西方生态文明理论与实践

西方世界对于生态文明的研究有一个源却有两个流。一个源就是对于资本主义生产方式的反思和批判,一个流是马克思主义的研究方式,另一个则是在资本主义制度下的研究方式。这就说明西方世界范围的生态文明研究既有联系又有所区别,因此,必须对这"一源二流"的生态文明研究进行相关的分析,借鉴吸收其积极的成分,为中国生态文明建设提供经验借鉴和可靠的理论支持。

第一节 马克思主义的生态文明思想

马克思和恩格斯生活在 19 世纪,当时的生态与环境等相关问题并不是人类社会面临的最紧迫的问题,但是马克思和恩格斯通过对历史的细致考察和对于人类社会发展的敏锐把握,就已经深刻地意识到人类工业社会的迅速发展和人类生存空间急剧扩张,必将会对人类生存所依靠的自然环境和生态系统造成极大的破坏,甚至会给人类社会的发展带来灾难性后果。马克思和恩格斯在其经典著作中,有很多地方都闪耀着生态文明思想的光芒。他们的思想远远地超越了他们所生活的时代,这些思想为当前世界范围内解决生态问题,进行生态文明理论探讨和实践行动都提供了强有力的理论支撑和方法论启示,对于解决当前人类所共同面临的全球气候变暖、生态危机和环境破坏等一系列危及子孙后代可持续发展的严重问题都具有重要的指导意义。尽管说,我们目前所面临的现实和所面对的问题已经远非马克思和恩格斯当时的情况所能及,但是,马克思和恩格斯对于这个重要问题的理解,以及对于这个问题的处理原则,在方法论意义上,对于今天的人类世界来说都是十分重要的,同时也是非常必要的。

一、马克思主义的人与自然关系

马克思和恩格斯一致认为：人与自然界其他形式的物质存在一样，都是物质世界的一种存在方式，因此，人的存在与发展必须要遵循自然界发展变化的一般规律。

马克思在《1844 年经济学哲学手稿》一书中指出："人是靠自然界来生活。这就是说，自然界是人为了不至于死亡而必须与之不断交往的对象。所谓人的肉体生活和精神生活同自然界相联系，也就等于说自然界同自身的联系，因为人是自然界的一部分。"① 马克思认为，人需要靠自然界来生活。因为，自然界为人类的生存和发展提供了必要的物质前提，一旦人类失去自然，那么人将不人。马克思指出："任何人类历史的第一个前提无疑是有生命的个人存在。因此第一个需要确定的具体事实就是这些个人的肉体组织，以及受到肉体组织制约的他们与自然界的关系。"② 人和人之间的直接的、自然的、必然的关系是男女之间的关系。在这种自然的、人类的关系中，人同自然界的关系直接就是人和人之间的关系，而人和人之间的关系直接就是人同自然界的关系，就是他自己的自然的规定。没有自然界，没有感性的外部世界，工人什么也不能创造。它是工人的劳动得以实现、工人的劳动在其中活动、工人的劳动从中生产出和借以生产出自己的产品的材料。但是，自然界一方面在这样的意义上给劳动提供生活资料，即没有劳动加工的对象，劳动就不能存在，另一方面，也在更狭隘的意义上提供生活资料，即提供工人本身的肉体生存的手段。

马克思在《〈政治经济学批判〉序言》一文里说："物质生活的生产方式制约着整个社会生活、政治生活和精神生活的过程。不是人们的意识决定人们的存在，相反，是人们的社会存在决定人们的意识。"③ 马克思在《政治经济学批判大纲》一书里指出，土地没有人耕作仅仅是不毛之地，而人活动的首要条件恰恰就是土地。马克思在《经济学手稿》一书中认为：土地是一个大实验场，是一个武库，既提供劳动资料，又提供劳动材料，还提供共同居住的地方，即共同体的基础。人类朴素天真地把土地当作共同体的财产，而且是在活劳动中生产并再生产自身的共同体的财产。政治经济学家说：劳动是一切财富的源泉。马克思则指出：其实，劳动和自然界在一起它才是一切财富的源泉，自然

---

① 马克思恩格斯全集·第 1 版·第 42 卷 [M]．北京：人民出版社，1979：167～168．
② 马克思恩格斯全集·第 1 版·第 42 卷 [M]．北京：人民出版社，1979：167．
③ 马克思恩格斯选集·第 2 卷 [M]．北京：人民出版社，1995：32．

界为劳动提供材料，劳动把材料转变为财富。

恩格斯在《路德维希·费尔巴哈和德国古典哲学的终结》一书中指出：达尔文第一次从联系中证明，今天存在于我们周围的有机自然物，包括人在内，都是少数原始单细胞胚胎的长期发育过程的产物，而这些胚胎又是由那些通过化学途径产生的原生质或蛋白质形成的。自然界是不依赖任何哲学而存在的；它是我们人类（本身就是自然界的产物）赖以生长的基础。[①]

马克思和恩格斯在《德意志意识形态》一书中说：人对自然的关系这一重要问题……这是一个产生于关于"实体"和"自我意识"的一切"高深莫测的创造物"的问题。然而，如果懂得在工业中向来就有那个很著名的"人和自然的统一"，而且这种统一在每一个时代都随着工业或慢或快的发展而不断改变，就像人与自然的"斗争"促进其生产力在相应基础上的发展一样，那么上述问题也就自行消失了。自然界和人的同一性也表现在：人们对自然界的狭隘的关系制约着他们之间的狭隘的关系，而他们之间的狭隘的关系又制约着他们对自然界的狭隘的关系，这正是因为自然界几乎还没有被历史的进程所改变。

二、马克思主义的生态文明思想

马克思告诫人们说："不以伟大的自然规律为依据的人类计划，只会带来灾难。"[②] 早在 19 世纪 70 年代，恩格斯就对人类发出了警告："我们不要过分陶醉于我们对自然界的胜利。对于每一次这样的胜利，自然界都报复了我们。"每一次胜利，在第一步都确实取得了我们预期的结果，但是在第二步和第三步却有了完全不同的、出乎预料的影响，常常把第一个结果又取消了。美索不达米亚、希腊、小亚细亚以及其他各地的居民，为了想得到耕地，把森林都砍完了，但是他们梦想不到，这些地方今天竟因此而成为荒芜的不毛之地，因为他们使这些地方失去了森林，也失去了积聚和贮存水分的中心。阿尔卑斯山的意大利人，在山南坡砍光了在北坡被十分细心地保护的松林，他们没有预料到，这样一来，他们把他们区域里的高山牧畜业的基础给摧毁了；他们更没有预料到，他们这样做，竟然使山在一年中的大部分时间内枯竭了，而在雨季又使更加凶猛的洪水倾泻到平原上。在欧洲传播栽种马铃薯的人，并不知道他们也把瘰疬症和多粉的块根一起传播过来了。

---

① 马克思恩格斯选集·第 4 卷［M］. 北京：人民出版社，1995：211～258.
② 马克思. 资本论·第 3 卷［M］. 北京：人民出版社，2004：251.

恩格斯在《自然辩证法》一书里告诫我们：每走一步都要记住，我们统治自然界，绝不像征服者统治异族人那样，绝不是像站在自然界之外的人似的——相反地，我们连同我们的肉、血和头脑都是属于自然界和存在于自然界之中的；我们对自然界的全部统治力量，就在于我们比其他一切生物强，能够认识和正确运用自然规律。动物仅仅利用外部自然界，简单地通过自身的存在在自然界中引起变化；而人则通过他所做出的改变来使自然界为自己的目的服务，来支配自然界。到目前为止的一切生产方式，都仅仅以取得劳动的最近的、最直接的效益为目的。那些只是在晚些时候才显现出来的、通过逐渐的重复和积累才产生效应的较远的结果，则完全被忽视了。在今天的生产方式中，面对自然界以及社会，人们注意的主要只是最初的最明显的成果，可是后来人们又感到惊讶的是：人们为取得上述成果而做出的行为所产生的较远的影响，竟完全是另外一回事，在大多数情况下甚至是完全相反的；需求和供给之间的和谐，竟变成二者的两极对立……

我们一天天地学会更正确地理解自然规律，学会认识我们对自然界的习常过程所做的干预所引起的较近或较远的后果。特别自 19 世纪自然科学大踏步前进以来，我们越来越有可能学会认识并因而控制那些至少是由我们的最常见的生产行为所引起的较远的自然后果。如果说我们需要经过几千年的劳动才多少学会估计我们的生产行为的较远的自然影响，那么我们想学会预见这些行为的较远的社会影响就更加困难得多了。

马克思、恩格斯表示：人与自然的关系是辩证统一关系，人与自然是能动性与受动性的辩证统一体。人类能够认识和正确运用自然规律；但是这个认识的过程是一个漫长的和逐步的过程。马克思说："人作为自然存在物，而且作为有生命的自然存在物，一方面具有自然力、生命力，是能动的自然存在物，这些力量作为天赋和才能、作为欲望存在于人身上；另一方面，人作为自然的、肉体的、感性的、对象性的存在，和动植物一样，是被动的、受制约的和受限制的存在物，就是说，他的欲望的对象是作为不依赖于他的对象而存在于他之外的。"[①]

恩格斯指出，人们的实践越多，就"愈会重新地感觉到，而且也认识到自身和自然界的一致，而那种把精神和物质、人类和自然、灵魂和肉体对立起来

---

① 马克思.1844 年经济哲学手稿［M］.北京：人民出版社，2000：102.

的荒谬的、反自然的观点，也就愈不存在了"①。恩格斯也说："劳动是一切财富的源泉，自然界为劳动提供材料，劳动把材料转化为财富。"从人与自然关系的视角来考察生产力，生产力不仅是"人对自然"的关系，也表现为"自然对人"的关系，人与自然在生产力系统中是相互依存、相互制约、相互作用的辩证统一关系。首先，人是依赖自然的，在整个生产力系统中，自然不仅是其中的一个组成部分，而且首先是生产力系统赖以存在的基本环境；其次，人与自然在生产力系统中相互制约，生产活动既是一个"人化自然"的过程，与此同时，也是一个"自然人化"的过程；再次，人与自然相互作用，人通过生产活动不断地认识自然、利用自然和改造自然，另一方面，人的任何作用都会引起自然的反作用，这种作用既有对人有利的一面，也有对人不利的一面，有时以直接的、即时的形式表现出来，更多的时候是间接性、滞后性、强制性地起作用。因此，生产力不仅是人类改造自然的能力，同时也是人类维护自然和保护生态环境、实现人与自然和谐相处与可持续发展的能力。

马克思指出：资本主义制度使得人与自然之间的矛盾发展到了对立的程度，甚至是极端对立的程度，"资本主义生产使它汇集在各大中心城市人口越来越占优势，这样一来，它一方面聚集着社会的历史动力，另一方面又破坏着人与土地之间的物质交换，也就是使人以衣食形式消费掉的土地的组成部分不能回到土地，从而破坏土地持久肥力的永恒的自然条件"，"资本主义农业的任何进步，在一定时期内提高土地肥力的任何进步，同时也是破坏土地肥力持久源泉的进步。"因此，从某种意义上说，资本主义的生产方式是造成生态危机和环境破坏的根本原因，只有社会主义的生产方式才是实现生态文明的根本途径。

要解决生态问题，就要变革资本主义生产方式。马克思、恩格斯指出，"对我们的直到目前为止的生产方式，以及同这种生产方式一起对我们的现今的整个社会制度实行完全的变革。"马克思指出，人、社会与自然生态和谐统一只有到了社会主义社会，"社会化的人，联合起来的生产者，将合理调节他们和自然之间的物质变换，把它置于他们的共同控制之下，而不让它作为盲目的力量来统治自己"时才真正形成，"这种共产主义，作为完成了的自然主义，等于人道主义，而作为完成了的人道主义，等于自然主义，它是人和自然界之间、人和人之间的矛盾的真正解决，是存在和本质、对象化和自我确证、自由

---

① 马克思恩格斯选集·第 4 卷［M］．北京：人民出版社，1995：373.

和必然、个体和类之间斗争的真正解决"。

马克思、恩格斯通过对资本主义生产方式的细致分析和无情批判，深刻地揭示了资本主义生产方式是造成人类社会环境破坏和生态危机的根本原因。并表示必须实现人与人之间的平等发展及人与自然的协调发展，才能最终实现全人类的可持续发展。可以说，马克思主义的这种思想观点和分析方法，为在世界范围内解决人类目前面临的最严重的生态和环境问题，提供了最终的解决思路，为实现世界范围内的生态文明，提供了不可多得的宝贵的思想源泉。

第二节　西方生态文明建设理论与实践

朴素的生态文明思想和非系统的生态文明观点古已有之，而现代意义上的生态文明理论和实践起源于对工业文明带来的一系列诸如环境和生态等问题的反思和批判。20 世纪 50—60 年代，工业化的发展带来的生态危机和环境灾难已经从区域性问题演变为全球性问题，自然对人类的一系列"报复"事件的发生，为人类追求经济的无限增长敲响了警钟，使国际社会特别是西方资本主义制度下的人们逐渐认识到只有改变过去片面追求经济增长的极端做法，按照生态与环境可持续发展以及经济社会可持续发展的要求，重新认识人与自然的相互关系、人与人的关系，构建全新的文明形态，才能够实现人类社会的可持续发展。

一、《寂静的春天》——生态文明理论的开山之作

1962 年，美国海洋生物学家蕾切尔·卡逊（Rachel Carson）发表了震惊世界的警示性著作《寂静的春天》一书，书中运用自然界食物链系统的生态学原理揭示了化学产品 DDT 农药在食物链系统中对于食品安全和生命健康的危害，深刻地揭示了化学产品 DDT 农药不仅可以杀死害虫，而且也可以杀死以被化学产品 DDT 农药毒死的虫类为食物的鸟类，甚至由于化学产品 DDT 农药在农产品中的残留而危及人类的健康，甚至危及子孙后代。《寂静的春天》一书于 1972—1977 年间陆续被翻译为中文，其生态文明思想逐渐被中国学者所了解。但该书于 1962 年在美国问世时，是一本很有争议的书。它那惊世骇俗的关于农药危害人类环境的预言，不仅受到与之利害攸关的生产与经济部门

的猛烈抨击，而且也强烈地震撼了社会广大民众。在 20 世纪 60 年代以前的报纸或书刊等媒体上，几乎找不到"环境保护"这个词。因为环境保护在那时还不是一个存在于社会意识和科学讨论中的概念。那时候，大自然仅仅是人们征服与控制的对象，而不是保护并与之和谐相处的对象。人类的这种意识大概起源于洪荒的原始年月，一直持续到 20 世纪。没有人怀疑它的正确性，因为从历史的发展看，人类文明的许多成果都是基于这样的意识而取得的，就算是人类当前的许多经济与社会发展计划也是基于此意识而制定的。蕾切尔·卡逊第一次对这一人类意识的绝对正确性提出了质疑，她的思想终于为人类环境意识的启蒙点燃了一盏明亮的灯。

《寂静的春天》一书拉开了对工业文明进行反思和批判的序幕，标志着人类已经开始关注环境问题，也唤醒了西方早期工业化国家的环境保护意识，是生态文明思想的开山之作。

二、从《增长的极限》到《超越极限》

丹尼斯·L. 米都斯博士曾供职于美国麻省理工学院，因于 1972 年出版《增长的极限》一书而闻名于世。该书是由丹尼斯·L. 米都斯等专家小组经过潜心研究，最终以罗马俱乐部的名义提交给国际社会的第一个报告。最后由罗马俱乐部、波托马克学会和麻省理工学院研究小组联合出版。

《增长的极限》一书自 1972 年公开出版以来，已经将近 40 年了。但是这本书仍然是名满全球的一块丰碑，而且因为这份研究报告所提出的全球性问题，如人口问题、粮食问题、资源问题和环境污染问题（生态平衡问题）等，早已成为世界各国学者、专家们热烈讨论和深入研究的重大问题。这些问题也早已成为世界各国政府和人民不容忽视和亟待解决的重大问题。报告警告世人：对于书中的问题，必须在思想上高度重视，在实际行动上高度负责，否则，人类社会就难以避免在严重困境中越陷越深，为摆脱困境所必须付出的代价将越来越大。以现代的眼光看，报告中的观念和论点，不过是再普通不过的真理，但在当时，西方发达国家正陶醉于高增长、高消费的"黄金时代"，对这种惊世骇俗的警告，根本不以为然，甚至根本听不进去或加以反对。而目前，经过全球有识之士广泛而又热烈的讨论、系统而又深入的研究，越来越多的人对此取得了共识。人们日益深刻地认识到：产业革命以来的经济增长模式所倡导的"人类征服自然"，其后果必然是使人与自然处于尖锐的矛盾之中，并不断地受到自然的报复，这条传统工业化的道路，已经导致全球性的人口激增、资源短缺、环境污染和生态破坏，使人类社会面临严重的困境，实际上引导人类走上了一条不能持续发展的道路。因此，报告警告世人，人类的粗放式的增长模式已经严重地伤害了人类赖以生存和发展的地球生态环境，如果人们不改变传统的高增长、高消费的理念，人类必将进入发展的极限，遭受前所未有的灾难。

20 年后，同样是丹尼斯·L. 米都斯、唐奈勒·H. 梅多斯等三位作者，向关注人类发展前途和命运的人们奉献了《超越极限——正视全球性崩溃，展望可持续的未来》一书。新书引用了最新的环境学习的资料，并运用计算机模型进行了大量细致而具有说服力的分析。它不仅对现实问题的解决提出了思路，而且倡导从系统、结构甚至是思维模式上为解决人类的生存危机寻找突破口。

丹尼斯·L. 米都斯博士曾在《增长的极限》一书中指出：如果人类按照传统的人口、工业、污染、粮食和资源消耗的发展趋势而不发生改变，则在 100 年内（1972 年算起）人类赖以生存的地球将达到增长的极限，人口、经济容量将大幅度降低。20 多年过去了，在 20 世纪末，当作者回头来再看过去 20 年的世界经济社会发展轨迹时，发现尽管世界技术在不断地改进，人们的环保意识也越来越强，环境保护和生态修复的相关政策也更加有力，但是从全球范围来看，人口的增加、物质财富的增长、资源能源的耗竭、环境污染和生态破坏不但没有减缓，反而有所增强。米都斯博士再一次向人类发出忠告：许多资源和污染的流动已经或者正在超越其自身的支撑极限，建立可持续发展的社会已经迫在眉睫。

虽然向可持续发展社会的转变在技术上和经济上都是可行的，但是来自于人们心理和思想上的对于财富的追求以及人类进步的价值取向极大地阻碍着人类经济社会可持续的进程。丹尼斯·L. 米都斯博也因此提出了全新的思想和观念，即要彻底地改变传统的消费越多生产越多、消费越多生活质量就越高的思想，要建立高效使用能源和资源，维持充足、公平而不是过度奢侈和浪费的生活和行为方式。从而也为我们的世界走向可持续发展的未来提供了令人折服的理由，为经济学家、社会学家和政治家们提供了一个建立人类社会新秩序的新视野。

三、从《生态经济》到《B 模式》

莱斯特·R. 布朗是美国国家地球政策研究所所长，被《华盛顿邮报》誉为"世界上最有影响的一位思想家",印度加尔各答《电讯报》称他为"环境运动的宗师"。1974 年,布朗创办了从事全球环境问题分析的世界观察研究所,并开始出版《拯救地球:如何形成环境上可持续的全球经济》等"环境警示丛书"。20 多年前,他率先提出环境上可持续发展的概念,并用于他所架构的生态经济。2001 年 11 月,他出版了《生态经济:有利于地球的经济构想》一书。

《生态经济:有利于地球的经济构想》一书是一部描述生态经济蓝图的划时代的专著,同时还是一本旨在唤醒大众、敦促各层面决策者改变观念并付诸实践的作品。布朗指出:经济学家只看重经济成就,生态学家在看到经济成就的同时也看到地球生态系统为之付出的惨痛代价。布朗呼吁经济原理与生态原理同构,经济学家与生态学家携手,共建有利于地球的经济模式——生态经济。正如用哥白尼的日心说取代托勒密的地心说一样,拯救我们不堪重负的地球,必须把经济视为地球生态的子系统,以环境中心论取代经济中心论,亟须用一场环境革命加速实现传统经济向生态经济的转换,来挽救人类自己赖以生存的现实家园——地球。

《B 模式》是莱斯特·R. 布朗继《生态经济》一书之后又一诠释生态经济新模式的学术大作。在该书中,布朗以"美国已成为世界能源最大威胁"为论断,警示世界各国不要走美国式的发展道路。他强调人口持续快速增长、水资源日益短缺、森林面积不断缩小、土壤持续流失、草场不断荒漠化以及世界石油危机加剧、全球变暖加快、食物价格上涨等已经成为全球共同面对的严峻挑战。

《B 模式》是《生态经济》的延续和发展,它继续高举"生态经济"的大旗,对传统的现行的经济模式、发展模式进行客观反思和无情批判,进一步强调社会发展要以人为本,把经济视作生态的一个子系统,构建生态经济发展新模式。布朗将传统的现行的以破坏环境和牺牲生态为代价,以经济为绝对中心的发展模式称作"A 模式",把以人为本的生态经济发展新模式称作"B 模式",呼吁全世界立即行动,用战争动员的方式以"B 模式"取代"A 模式",拯救我们的地球,延续人类的文明。

四、从《超越增长》到《新生态经济》

赫尔曼·E. 戴利是美国著名的生态经济学家,美国马里兰大学公共事务学院的教授,曾作为环境经济方面的高级专家在世界银行工作多年,在学术界享有极高的声誉。《超越增长：可持续发展的经济学》一书是戴利对环境经济和可持续发展理论以及政策研究的集大成之作，也是 20 世纪 90 年代以来在全世界范围内环境与发展领域发挥着相当重要作用的著作。

赫尔曼·E. 戴利提出了原创性很强的稳态经济理论以应对工业化以来环境危机对人类文明的挑战，被认为是对传统经济学发起哥白尼式革命的最卓越的倡导者，被世界有关杂志列为"可以改变人类生活的当代 100 位有远见的思想家之一"。在《超越增长：可持续发展的经济学》一书里，戴利所阐发的可持续发展的中心理念包括下列方面：

一是关于可持续发展的革命意义。当前，从学术界到企业界，从国内到国外，谈论可持续发展已经成为一种时尚，但对同一个"可持续发展"却存在着非常不同的理解。有人把可持续发展等同于一般意义上的环境保护，有人把可持续发展看作是包罗万象的思想箩筐，也有人把可持续发展用来作为传统经济增长理念的新遁词。正如美国科学哲学家库恩把科学研究分成常规科学和革命科学那样，戴利是把可持续发展看作是对传统经济学具有变革作用的革命性科学来认识和架构的。在这一点上，他与那些坚持把可持续发展看作是传统发展观的常规性改进与调整的学者，或者那些字面上把可持续发展看作革命但实质上让它与经济增长兼容的学者，形成了根本的区别。戴利强调，增长是一种物理上的数量性扩展，发展则是一种质量上、功能上的改善，而可持续发展就是一种超越增长的发展；强调可持续发展就需要对当前以增长为中心原则的数量性发展观进行清理，建立以福利为中心原则的质量性发展观。

二是把经济是生态的子系统的观点作为发展观的核心理念。戴利指出，传统发展观的根本错误在于，它的核心理念或前分析观念把经济看作是不依赖外部环境的孤立系统，因而是可以无限制增长的。而可持续发展的核心理念或前分析观念，强调经济只是外部的有限生态系统的子系统。因此。宏观经济的数量性增长是有规模的，而不是无限的。在工业经济社会的开始，当人造资本是稀缺的限制性因素的时候，追求经济子系统的数量性增长是合理的（这意味着南方的发展中国家需要有一定规模的数量性增长）。但是，随着经济子系统的增长，当整个生态系统从一个"空的世界"转变为一个"满的世界"的时候，当自然资本替代人造资本成为稀缺的限制性因素的时候，经济子系统就需要从数量性增长转换为质量性发展。基于此，戴利强调经济成熟的北方发达国家首先需要为可持续发展作出改进。

三是可持续发展是生态、社会、经济等三方面优化的集成。戴利认为，可持续发展的中心原则是，我们应该为足够的人均福利而奋斗，使能够获得这种生活状态的人数随时间达到最大化。可持续发展要求生态规模上的足够、社会分配上的公平、经济配置上的效率三个原则同时起作用。足够，强调人均财富的目标是足够过上满足基本需求的好生活而不是物质消耗最大化；效率，是指对自然资本的有效利用能够允许更多的人生活在足够的生活状态中；公平，是强调足够这样一种生活状态应该被所有人所拥有。今天的世界，一些人的生活超过了足够，而另一些人则远远低于足够，因此是高度不平等的；同时，以日益增长的速度消耗资源和损坏自然资本，不能够满足所有人基本需要的系统不能被认为是有效率的。

继《超越增长：可持续发展的经济学》以后，戴利又推出了《新生态经济：使环境保护有利可图的探索》一书，书中对于在现实中如何实现生态经济进行了有益的探索，并指出：地球生态系统——森林、湿地、珊瑚礁等都是人类最宝贵的财富之一，为人类提供了诸如气候调节、水质净化等不可或缺的服务。然而，为什么它们会被如此迅速地破坏呢？戴利认为，仅仅靠人类的善意和政府的规范并不足以拯救自然。戴利针对目前全球环境恶化的趋势，讲述了先行者们尝试驾驭个人利益来保护生态环境的生动实例——美国纽约市如何摒弃昂贵的水过滤厂的修建，而选择通过保护北部流域的自然环境来确保城市饮用水的安全；环保人士瓦姆斯莱如何将澳大利亚情况日益恶化的农场变为兴旺的生态旅游景点；生态学家詹曾如何采用创新的方法使哥斯达黎加的热带雨林重焕生机，等等——介绍了关注环境的革新者提出的一种新的概念"新生态经济"，旨在传达从创新角度应对全球环境危机的理念，以此作为保护自然生态环境的强有力的工具，促使经济活动与环境保护的协调发展。

五、从经济增长理论到经济发展理论

《大英百科全书》把"经济增长"定义为：国民财富跨时期增长的过程。美国经济学家库兹涅茨把"经济增长"定义为：一个国家的经济增长，可以定义为给居民提供种类繁多的经济产品的能力长期增长。萨缪尔森则把"经济增长"论述为："经济增长是指一个国家潜在的国民力量，或者潜在的世纪国内生产总值的扩展。经济增长可看作是生产可能性边缘随着时间向外推移。"[①]

1776 年，"现代经济学之父"亚当·斯密出版了著名的《国民财富的性质

---

① 牛文元. 中国科学发展报告（2010）[R]. 北京：科学出版社，2010：3.

和原因的研究》(简称《国富论》)一书,来探寻国家经济增长的奥秘,彻底奠定了经济学的基础,开创了古典经济学时代。萨缪尔森认为,《国富论》是"一部可以题为'如何使 GNP 增长'的实用手册"。在微观方面,亚当·斯密的价值论把劳动看成是价值的唯一源泉,指出"每个人改善自身境况的一致的、经常的、不断的努力是社会财富、国民财富以及私人财富赖以产生的重大因素";在宏观方面,他关心的是经济增长的性质和动态化过程。到了 19 世纪初,英国资产阶级革命已经波及各个行业,英国的机器大生产普遍建立,如何使资本主义经济进一步发展,成为当时经济学的主要研究目标。大卫·李嘉图的《政治经济学及其赋税原理》一书正是在这一历史条件下完成的,他的经济思想反映了工业资产阶级与封建残余势力做斗争,以发展生产和扩大自身利益的要求。马尔萨斯则强调人口与经济增长的关系,他的两部重要著作《人口原理》和《政治经济学原理》,集中反映了其经济增长思想。《人口原理》一书致力于探求使一国人口限制在实际供应所容许的水平的原因,而《政治经济学原理》一书的研究目的是要说明影响这些供应的主要原因是什么,或者使生产能力发挥因而财富增加的主要原因是什么。卡尔·马克思继承了英国古典经济学注重国民财富增长过程研究的传统,他于 1867 年出版的《资本论》一书,除去对社会经济形态,特别是资本主义生产方式演变的动态分析外,还分析了既定制度下经济的稳定和增长问题。他阐明了资本积累的规律和一般趋势,揭示了资本主义扩大再生产即经济增长必须满足的条件,认为扩大再生产可以通过两条基本途径来实现:一是增加积累,即增加生产要素的投入;二是提高生产要素的使用率,即提高生产要素产出率。[①]

1936 年,凯恩斯出版了他的代表作《就业、利息货币通论》一书,在西方经济学界掀起了一场凯恩斯革命。他以 20 世纪 30 年代经济危机为时代背景,适应垄断资产阶级的迫切需要,创建了以需求管理政府干预为中心思想的收入分析宏观经济学,对西方国家垄断资本主义的发展以及对西方经济学家的发展都有巨大而深远的影响。20 世纪 50 年代中期,英国经济学家哈罗德和美国经济学家多马,以凯恩斯理论为基础,把经济增长作为一个独立的、专门的领域进行研究,开创了现代经济增长理论。哈罗德于 1939 年发表的《论动态理论》一文和 1948 年出版的《动态经济学导论》一书,提出了经济学界的第一个经济增长理论模型,使经济增长问题的研究从定性走向了定量。20 世纪

---

① 牛文元. 中国科学发展报告(2010)[R]. 北京:科学出版社,2010:5.

50 年代中期起，新古典经济学派开始研究增长理论，最著名的有以托宾、索洛、斯旺、米德等经济学家为代表的新古典增长理论。其中，索洛又提出了发展经济学中的著名模型——索洛经济增长模型，又称为新古典经济增长模型、外生经济增长模型。该模型提出了一种强调技术进步的增长理论，即把经济增长的来源分为两种：由要素数量增加而产生的"增长效应"和因要素技术提高而带来的经济增长。①

经济增长理论指导人们创造更多的物质财富，促使人类向自然界的广度和深度探索挑战，来满足永无止境的增长需求。然而毫无约束的增长就像不受控制的"癌症"，随着"癌症细胞"无限制地复制终将其"寄主"（地球）消耗并毁坏殆尽。到 20 世纪 60 年代，人们已经看到片面地将经济增长当作发展的弊端和不足，日益深刻地意识到产业革命以来的经济增长模式所倡导的"人类征服自然"，其后果是使人与自然处于尖锐的矛盾之中，人类沿着传统西方工业文明的发展道路走到了十字路口。②

增长的目的本该是为人们提供更加优越的生活方式，一般而言，收入水平高且分配相对公平的国家，国民幸福指数也会相对较高。然而，增长的悖论告诉我们，经济增长与人们的幸福感的正相关是有条件的。单纯追求经济增长，过度追捧经济增长的意义，会形成一个对物质和金钱无限热爱的社会，在这个社会里，人们的生活水平和幸福感并没有随着收入提高而得到相应的提高，形成了一个经济增长的"悖论"。③

马克思在指出物质第一性的同时告诉我们，社会意识对社会存在、精神对物质、上层建筑对经济基础进而对生产力起制约和反作用，政治、文化及政治文明、精神文明对经济、物质文明起制约和反作用。经济增长是基础和前提，但它只是整个社会发展的组成部分，经济产出和消耗不受控制的、差别的整体增长并不是最终的目的。社会的进步要求增加商品和服务来满足贫困人口的基本需求，同时减少富有群体的有害消费，其目的是福利的正增长，即便这会以牺牲经济上所讲的生产的增长为代价。发展的全面性、协调性和可持续性需要代替增长的概念，引导人类社会进入一种有序的经济和发展轨道，为每个人提供一种高质量的、满足的生活，同时与我们所处的自然环境之间保持一种可持

① 牛文元. 中国科学发展报告（2010）[R]. 北京：科学出版社，2010；5～6.
② 牛文元. 中国科学发展报告（2010）[R]. 北京：科学出版社，2010；6.
③ 牛文元. 中国科学发展报告（2010）[R]. 北京：科学出版社，2010；7.

续的平衡。[①]

发展问题是伴随近代经济增长而出现的问题，在人类社会的进程中，增长与发展有着密切的联系。"发展"这一术语，最初虽然由经济学家定义为"经济增长"，但是它的内涵早已超出了这层含义。1912 年，熊彼特在其《经济发展理论》一书中提出经济发展理论，他认为，经济增长"就是指连续发生的经济事实的变动，其意义就是每一单位时间的增多或减少，能够被经济体系所吸收而不会受到干扰"。它主要是一种数量上的变化，"是同一种适应过程，像在自然数据中的变化一样。"而发展是一个"动态的过程"，"可以定义为执行新的组合"。《大英百科全书》对于"发展"的释义是："虽然该术语有时被当作经济增长的同义语，但是一般来说，'发展'被用来叙述一个国家的经济变化，包括数量上与质量上的改善。"可见，发展强调的是质和量的双重改观。[②]

从行为哲学上来说，"增长方式"只注重用什么办法增加经济总量，而"发展方式"则更注重用什么样的经济结构、什么样的环境代价换取增长的问题。可见，发展较之增长具有更广泛的含义，预示着经济学及其所应用的分析方法必将发生某种根本的变革。发展已经远远超过了"满足人类生存"这一简单的基本需求，到达以人的全面发展为主线的社会整体进化阶段，它是一个多方面的变化过程，不仅要求重视经济规模扩大和效率提高，而且强调经济增长过程中发展的协调性、可持续性和成果共享性，因为增长本身不是目的，增长的目的是发展，是社会的全面进步，必须追求有发展的增长。发展不仅局限于经济增长，更是集社会、科技、文化、环境等多项因素于一体的完整现象，既包括产出的扩大，也包括分配结构的改善、不平等和贫困的减少或消除、社会文明的进步、社会结构的变迁、大众心态和国家制度的改变，人与自然的和谐相处、生活水平和质量的提高以及自由选择范围的扩大与公平机会的增加，当然还包括生态保护和环境的改善。发展能力是经济能力、科技创新能力、社会发展能力、政府调控能力、生态系统服务能力等各方面的综合表现。这种"新发展观"突破性地挖掘出"发展"的内涵，指出其三个最基本的特征，即"整体""内生"和"综合"。[③]

20 世纪 60 年代以前的早期发展阶段的发展观，基本上是将发展等同于经济增长的发展观。这一阶段的观点也被称之为"唯资本论""唯工业化论""唯

① 牛文元.中国科学发展报告（2010）[R].北京：科学出版社，2010：9.
② 牛文元.中国科学发展报告（2010）[R].北京：科学出版社，2010：9.
③ 牛文元.中国科学发展报告（2010）[R].北京：科学出版社，2010：9～10.

计划化论"。通过对将发展等同于增长的发展观进行反思，20 世纪 60 年代中期到 80 年代中期的发展研究，提出了经济社会全面发展的经济社会协调的发展观。工业文明之后的全球生态危机标志着单纯依靠土地和消耗地球资源的生存发展模式已经难以为继，人类必须制止或逆转生态环境的退化。20 世纪 80 年代初期，以人与自然统一的生态和谐发展为核心的新发展观——可持续发展观逐渐兴起。可持续发展观作为一种与传统的增长模式截然不同的发展观，不仅把经济与生态环境、自然资源、人口、制度、文化、技术进步等因素结合起来，而且还把人与自然、当代与未来、个别民族国家与整个人类共同体联系在一起考虑。

六、西方发达国家的生态文明实践

在生态文明的理论研究领域，由于西方发达国家最先实现工业化和自动化，也就为其进行后现代的反思提供了必要的条件。但是在生态文明实践方面，西方国家落实的如何呢？

在环境保护和气候变化等一系列问题日益受到关注的背景下，低碳经济不但是未来世界经济发展结构调整的大方向，更会成为全球经济发展的新的"引擎"和源泉。

美国世界观察研究所可以说是可持续发展研究的先行者。多年来，他们一直坚持不停地撰写可持续发展年度报告，发表年度趋势评述，出版环境示警丛书，大声疾呼保护人类生存环境，力主走可持续发展之路，可谓是振聋发聩。他们的研究成果早已在全世界范围内产生了深远的影响。[①]

但是在生态文明的实践中并不尽然。在美国，党派认同高于国际公约利益，换了一个党派执政，就能从原本商定的《京都议定书》退出去。克林顿执政时期在《京都议定书》上签了字，但是布什总统取代克林顿以后，就从《京都议定书》退出了。这表明，美国的党派对国家利益有自己的哲学理解或者价值观。他们将自己党派的利益置于全球利益之上。也就是说美国把自己的制度和政治，完全置于国际政治之上。

另外，美国能做到这个程度，是有非常强大的技术支持和科学支持的，技

---

① ［美］莱斯特·R. 布朗等．程永来等译．塑造未来的大趋势（1996）［M］．北京：科学技术文献出版社，1998：2.

术与科学可以支持政治决策。[①]布什政府的研发预算优先领域中，提出要把能源安全和温室气体减排作为重点，各机构应该根据各自的研发计划，实现总统提出的目标，具体目标包括：在今后的十年内汽油消耗减少 20%，继续推进低成本高效减排的先进能源技术的开发，尤其是加强相关的基础研究，致力于在零排放与碳隔离工艺、核能、蓄能、太阳能和氢燃料电池技术等领域获得科技突破。美国总统科技顾问委员会在 2008 年 11 月发布的能源报告《加强新能源研究势在必行：技术与新兴公司的作用》中指出，要获得洁净、高效且有成本优势的技术，即必须持续增加美国的研发投资，政策制定者应当计划在未来 20 年内大力增加核能和可再生能源生产。美国的现任总统奥巴马也非常重视能源和气候相关变化的研究，他提出，要推动更高效、更清洁的能源生产和消费，发展替代能源和节能；要大力投资清洁和可再生能源，在未来 10 年内要投入 1500 亿美元发展清洁能源；要大力降低碳减排量，到 2050 年碳排放要比 1990 年的水平降低 80%；要创建清洁技术风险资本基金，未来 5 年每年投入 100 亿美元，大力推进替代能源和可再生能源技术商业化。[②]

2009 年，美国现任总统奥巴马上任之初，曾希望借助自己的超高人气，推动美国在 2009 年哥本哈根会议前通过一项气候法案，尽管美国的承诺仅相当于在 1990 年基础上减排温室气体 4% 左右，与发展中国家的期望仍有巨大差距。然而，就是这区区的减排 4% 的目标，美国亦难以承诺。

《京都协议书》的全称是《联合国气候变化框架公约的京都议定书》，是《联合国气候变化框架公约》（United Nations Framework Convention on Climate Change，UNFCCC）的补充条款，是 1997 年 12 月在日本京都由联合国气候变化框架公约参加国三次会议制定的，其目标是"将大气中的温室气体含量稳定在一个适当的水平，进而防止剧烈的气候改变对人类造成伤害"。条约规定，它在"不少于 55 个参与国签署该条约并且温室气体排放量达到附件 I 中规定国家在 1990 年总排放量的 55% 后的第 90 天"开始生效，这两个条件中，"55 个国家"在 2002 年 5 月 23 日当冰岛通过后首先达到，2004 年 12 月 18 日俄罗斯通过了该条约后达到了"55%"的条件，条约在 90 天后于 2005 年 2 月 16 日开始强制生效。到 2009 年 5 月，总共有 183 个国家通过了该条约，引人注目的是美国没有签署该条约。

① 张坤民等. 低碳经济论 [A]. 马中. 关于气候谈判与低碳经济之我见 [C]. 北京：中国环境科学出版社，2008：187~193.
② 中华人民共和国科学技术部. 国际科学技术发展报告（2009）[R]. 北京：科学出版社，2009：26~27.

　　欧美发达国家高度重视能源创新。美国总统奥巴马指出："能够领导 21 世纪全球清洁能源的国家将能够领导 21 世纪的全球经济。"在克服经济危机的过程中，奥巴马将能源产业作为美国经济复兴的核心，培植新技术和产业，特别是新能源。2009 年 6 月，美国众议院通过了《美国清洁能源安全法案》，同意投资 1900 亿美元用于发展清洁能源和能效技术，力争到 2020 年，美国电力生产中至少有 15％是太阳能、风能、地热能发电。[①]

　　欧盟是低碳经济和大力发展新能源产业的倡导者和领头羊。欧盟视低碳经济为新的工业革命。近年来，欧盟致力于积极推动 2010 年后全球减排协议的形成，引导全球低碳经济的发展。2007 年 3 月，欧盟做出了到 2020 年使温室气体排放量在 1990 年的基础上减少排放 20％的承诺。2008 年，欧盟制定了应对能源和气候变化的一揽子政策，包括《欧盟碳交易机制修改指令》《碳捕集与封存指令》《促进可再生能源利用指令》和《关于为实现欧盟 2020 年减排目标，各成员国减排任务分解的决议》等。其中，在 2008 年 9 月 11 日通过的《可再生能源指令》，对 2008 年 1 月欧盟委员会提出的作为能源与气候变化一揽子政策一部分的《可再生能源指令》建议进行了修改。《可再生能源指令》提出了 2020 年可再生能源要占到欧盟全部能源消耗的 20％的目标。该指令认为，各成员国可以根据各国的实际情况，发展符合各国资源特色的可再生资源。指令还规定，到 2020 年所有成员国必须在交通行业实现 10％的可再生能源替代目标，2020 年交通行业能源效率要在 2005 年的基础上提高 20％。2008 年 10 月 14 日，欧盟委员会宣布将在今后的 6 年内投入 9.4 亿欧元用于氢能燃料电池项目的技术开发与示范，促进氢能与燃料电池技术在欧洲的市场化。此外，欧盟还在 2008 年批准实施了《关于实施新的汽车二氧化碳排放标准的规定》，实施了利用信息通信技术应对能源效率的挑战的行动。在 2009 年哥本哈根会议上，欧洲在气候变化问题上试图重新确立自己的国际领导地位，指出如果哥本哈根峰会能够达成气候变化协议，欧洲将在 2050 年前削减高达 95％的温室气体排放，在 2020 年前减少 30％。[②]

　　英国于 2007 年 6 月出台了《气候变化法案》，是世界上第一个对二氧化碳排放进行立法的国家。2008 年 5 月 1 日，英国前首相布朗在伦敦召开的威尔士亲王企业峰会上指出，低碳技术是继蒸汽机、内燃机和微处理器之后的第四

① 中华人民共和国科学技术部.国际科学技术发展报告（2010）[R].北京：科学出版社，2010：24～25.
② 中华人民共和国科学技术部.国际科学技术发展报告（2009）[R].北京：科学出版社，2009：11～16.

次技术革命。英国希望能够率先在碳捕集和碳封存技术上成为全球商业化规模示范的国家之一。英国也希望在近海风电装机容量方面占据世界领先地位。英国政府提出，要在采购政策中优先考虑低碳和可持续的产品，以帮助企业树立投资于这些产品的信心。英国的伦敦也成为全球的碳交易中心。目前，英国已有一半的企业盘点了自己的碳排放情况。40％的企业已经确立了减少碳排放的目标，还有一些企业已经改变了其运行方式，大大提高了能效的同时，降低了碳排放。另外，英国政府还发布了新的能源战略，在未来 12 年鼓励私人投资，大力发展核能。2008 年 10 月 3 日，英国政府宣布成立能源与气候变化部，其职责就是要应对能源安全和气候变化两大挑战。2009 年，英联邦政府首脑会议发表《西班牙港气候变化共识：英联邦气候变化宣言》，强调在哥本哈根联合国气候变化会议上各方应该达成有法律约束力的协议，发达国家应该对困难国家给予帮助，尤其是资金援助。① 2009 年 4 月，英国推出《投资低碳英国》计划，提出《低碳复苏计划》，同年 7 月公布《英国低碳转型计划》。

　　2008 年 6 月，德国政府通过第二份保护气候方案，目标是到 2020 年之前减排二氧化碳 40％。德国还提出要限制重型运载车辆排放，对超标者要执行严格的罚款和准入制度。此外，德国还通过了一项法案，法案提出要提高能源利用效率，并利用新的电网输送更多的风电。2008 年，法国政府提出了到 2020 年建筑能耗降低至少 38％，将交通工具的二氧化碳排放量减少 20％的目标。2008 年 11 月，法国能源部公布了一项旨在发展可再生能源的计划，包括 50 项措施，涵盖了生物能源、风能、地热能、太阳能以及水力发电等多个领域，总体目标是到 2020 年将法国可再生能源在能源消费总量中的比重至少提高到 23％，政府希望此举能使法国在该领域取得世界领先地位。按照计划，法国政府在 2009 年和 2010 年共拨款 10 亿欧元设立"可再生热能基金"，这项基金主要用于推动公共建筑、工业和第三产业热资源的多样化。2009 年 4 月，德国联邦农业部和联邦环境部联合发布了《生物质能国家行动计划》，明确了德国未来生物质能源的发展战略和政策措施。2009 年 5 月，德国联邦政府出台的《经济振兴一揽子计划 II》中新增 5 亿欧元，用于加强电动汽车技术研发和创新、市场准备及技术准备等工作的支持。2009 年 8 月，德国联邦政府正式启动了《国家电动汽车发展计划》，该计划为德国电动汽车发展确定了两大重点技术领域：电动汽车电池技术和电动汽车的能效、安全性和可靠性。

---

　　① 中华人民共和国科学技术部. 国际科学技术发展报告（2009）［R］. 北京：科学出版社，2009：11～16.

2008 年 7 月 16 日，澳大利亚政府发布了《减少碳排放计划》绿皮书，并将该计划视为"一代人中最大的经济改革"。《减少碳排放计划》于 2010 年 7 月 1 日正式实施，核心内容是为企业碳减排设定一个上限。任何机构如果超过排放上限，就必须对超出部分"买单"，从而激励企业碳排放自觉实施减排，承担起向低碳经济过渡的必要的社会责任。政府还实施两个专项计划，即"气候变化行动资金"和"电力部门调整计划"。2008 年，澳大利亚应对气候变化问题的另一项重要举措，就是在 11 月 10 日通过了世界上第一个涉及二氧化碳捕获与封存的法律框架——《离岸石油修订法案》，又称为《温室气体储存法案》。[①] 但是，澳大利亚国会参议院于 2009 年 12 月 2 日却再度否决了澳工党政府提出的气候变迁法案，这使得澳总理陆克文空手赴会参加 2009 年的哥本哈根气候大会。澳大利亚是全球最大的煤炭出口国，澳人均排放量超过美国。

在亚洲，日本是全球第四大温室气体排放国。作为《京都议定书》签署时的东道国，日本一直在积极地推动低碳减排，重视环保和节能。但是，日本国内减排效果并不理想，不但没有达到预期的目标，而且排放量仍在继续增加。2008 年，日本的一项重大举措就是在 7 月 29 日通过了《低碳社会行动计划》，提出了为实现低碳社会日本要采取的具体措施、行动计划和目标。2008 年 9 月，日本政府修改后的《新经济成长战略》提出要使日本成为低碳社会的赢家。为落实《低碳社会行动计划》，日本也采取了很多措施。在立法方面，日本于 2008 年 5 月和 6 月先后通过了《关于能源合理利用的法律》修正案和《关于推进地球变暖化对策的法律》修正案。[②] 2008 年 5 月，日本的综合科学技术会议推出了《环境节能创新计划》，对环境能源技术的中长期目标进行了规划。2008 年 10 月，日本经济产业省决定修改《石油替代能源促进法》，并于 2009 年 1 月在国会上获得通过。[③]

2009 年 4 月，日本发布了《未来开拓战略》，明确了三大技术领域的十大计划，力图以"引领世界二氧化碳低排放革命""建设健康长寿社会"和"发挥日本魅力"为三大指标恢复日本经济增长。

总体来看，西方发达国家生态文明建设理论研究相对先进，实践相对落后，其相关的支持计划主要是为了保持其经济领先和技术霸权的地位。

---

① 中华人民共和国科学技术部. 国际科学技术发展报告（2009）[R]. 北京：科学出版社，2009：12.
② 中华人民共和国科学技术部. 国际科学技术发展报告（2009）[R]. 北京：科学出版社，2009：11～12.
③ 中华人民共和国科学技术部. 国际科学技术发展报告（2009）[R]. 北京：科学出版社，2009：15.

第三章　中国生态文明理论与实践

在中华文化的历史传承中，有许多生态文明的思想和智慧。也许，中国古代的历史文化思想的出发点和初衷并非是为了建设生态文明，因为生态文明的概念是在对西方工业社会发展所带来的负面效应进行反思和批判的基础上产生的。中国古代的生态文明思想是基于中国古人对人与自然相互关系的认识而提出的。尽管不是以现代生态文明建设的面目出现，但是对于现代中国，甚至对于现代人类社会建设而言，中国古代的生态文明理论都有重要的理论意义和实践意义。

第一节　中国传统文化中的生态文明思想

中华文化博大精深，本书就想从其微小的一个点切入，管中窥豹，主要分析《易经》《道德经》和《论语》等传统的中国古代经典论著以及"天人合一"等思想，通过对中国古代智慧的浅薄分析，为中国当代的生态文明建设提出一点建议。

一、《易经》中的生态文明智慧

在《易经》中，卦体和卦象的阴阳变化揭示了宇宙生成及自然演化的规律，阐述天道运行的机理和原则，清晰地描述了人与自然的关系，形成了较为完善的天人观体系。通过天地人"三才"的整体论构成，《易经》贯穿了"法天用天"的逻辑归纳体系，强调"生生不息"的生态思想观念，符合科学发展观的生态伦理观和走中国式的生态文明之路。

（一）树立正确的自然观，遵循自然规则

《易经·系辞上传》说："易有太极，始生两仪。两仪生四象，四象生八

卦。"其意思是说：宇宙世界的万事万物和各种现象都包含着阴和阳、表与里的两面，而两面之间却是既互相对立斗争又相互滋生的依存关系，这既是物质世界的一般规律，是众多事物的纲领和由来，也是事物产生与毁灭的根本。世界、宇宙是一，是完整的一体，混沌初开，有天有地，有阴阳正反力量互相激发、融合、互补、平衡为两仪。八卦代表八种基本物象：乾为天，坤为地，震为雷，巽为风，艮为山，兑为泽，坎为水，离为火，总称为经卦，为自然百象。这体现了中国古代人们以自然为师，思考探究，试图找到宇宙万物的依存规律，希望可以适时而动，适可而止，顺应"天意"，追求天时、地利、人和的理想境界。

《易经》第一卦《乾卦》《象》云："大哉乾元，万物资始，乃统天。云行雨施，品物流行。大明终始，六位时成，时乘六龙以御天。""至哉坤元，万物资生，乃顺承天。坤厚载物，德合无疆，含弘光大，品物咸亨。"古人把天称为"乾元"，把地称为"坤元"，意思是：天孕育了万物，大地哺育万物的生长和发展，为万物提供了生长环境，是雨露滋润了禾苗，太阳的升落确定了昼夜时间以及东西南北上下的方位，世上万物充分享受了大地的恩惠。《大传》上说："夫大人者，与天地合其德，与日月合其明，与四时合其序，与鬼神合其吉凶。先天而天弗违，后天而奉天时。"意思是，如果能够顺应自然，与天地和谐相处，就达到了做人的最高境界，即是圣人或智者。

《易经》第十五卦《谦卦》开篇便说：谦，亨，君子有终。象曰：谦，亨，天道下济而光明，地道卑而上行。天道亏盈而益谦，地道变盈而流谦，鬼神害盈而福谦，人道恶盈而好谦。谦，尊而光，卑而不可逾，君子之终也。意思是说，无论天之道、地之道、人之道、神鬼之道，均宜谦恭卑下，方可亨通永久，方能光明，方能成功。虽处低下，任何事物不能超越它。

《易经》第十七卦《随卦》《象》曰：泽中有雷，随。君子以向晦入宴息。《象辞》说：本卦下卦为震，震为雷，上卦为兑，兑为泽；雷入泽中，大地寒凝，万物蛰伏，是随卦的卦象。君子观此卦象，取法于随天时而沉寂的雷声，随时作息，向晚则入室休息。《随卦》所要表达的主旨是：人类的生活应当顺随人的本性，顺随自然之道。

《易经》第二十五卦《无妄卦》说：无妄：元亨，利贞。其匪正有眚，不利有攸往。意思是出征不妄动妄求：极为亨通顺利，利于坚守正道。但是，如果不能坚守正道则会发生祸殃，因而也就不利于前去行事了。六二说：不耕获，不菑畲，则利有攸往。意思是说，不在刚开始耕作时就期望立刻获得丰收，不在荒地刚开垦一年时就期望它立即变成良田，能够这样，才不是妄动妄求，因而利于前去行事。

《易经》第三十一卦《咸卦》说："咸：亨，利贞。"这里的"咸"是指"感"。上六又说，"咸其辅颊舌"，即认为，唇齿之间是相互感应的，它们之间有着一荣俱荣、一损俱损的关系。因此，人们才有"唇亡齿寒"的论断。人类生存的物质前提是自然生态环境，人类以牺牲自然生态环境为代价换来的所谓的经济和社会的增长，不但根本无法促进人类社会的可持续发展，而且是自掘坟墓，葬送人类可持续发展的能力。

（二）君子要"自强不息"，更要"厚德载物"

《易经》第十卦《履卦》《象》曰：上天下泽，"履"；君子以辩上下，定民志。意思是兑（泽）下乾（天）上，为天下有泽之表象。上有天，下有泽，说明要处处小心行动，如行在沼泽之上，一不注意就会陷下去；君子要深明大义，分清上下尊卑名分，坚定百姓的意志，遵循礼仪而行，必然秩序井然。九二说："履道坦坦，幽人贞吉。"意思是小心行走在平坦宽广的大道上，幽居的人安于闲逸恬静的生活，结果是吉祥的。《履卦》中所说的正是如何去实践、如何去处世的大智慧。《履卦》的"履"表示的是一种用头脑去思维、引导的做事方法，这种做事的方法是一种有计划、有目标、有规范的行为，也就是我们常说的谨慎行事。

《易经》第二十三卦《剥卦》《象》曰：山附于地，剥。以上厚下安宅。意思是说：人们在做事的时候，如果不能够做到适可而止，而去一味蛮干，那么不会得到好的结果。万事万物由盛至衰，这是自然界本身的规律所在，任何人任何事物都无法逃脱的命运。如果我们不能够顺应自然规律，适度而为地做事，自然就会如同《剥卦》的主旨"剥"的命运一样，被世界无情地"剥"落，而过早地结束生命。

人们在实践的过程中，不仅要自强不息，而且更要厚德载物。一定要准确分析和判断事物的发展规律，不做那些与自然界规律相违背的事情，对于那些明知违背规律而不可做的事情切莫强求，要明白"适可而止"同样也是一种伟大的智慧。

（三）君子要"慎奢节欲"，更要"迷途知返"

《易经》第二十四卦《复卦》《象》曰："雷在地中，复。先王以至日闭关。

商旅不行，后不省方。"意思是说：世间道路千差万别，如果说一时疏忽走错道也是在所难免。但只要适时地调整路线，改正之后一样可以到达目的地。这就是《复卦》中所要告诉人们的智慧——迷途知返。《复卦》的卦辞上说："复：亨，出入无疾，朋来无咎；反复其道，七日来复，利有攸往。"——指出了所谓的反复也不是漫无目的的胡乱的反复，而是一定要按照自然界发展变化的本来规律进行反复，也才能获得理想的效果；上六上也说："迷复，凶，有灾眚，用行师，终有大败。"——就明确地指出，如果明知已经误入歧途却不知悔改，则必定会有凶险。

《易经》第二十七卦《颐卦》《象》曰："山下有雷，颐。君子以慎言语，节饮食。"这里的"节饮食"即是提倡慎奢节欲的意思。这是在劝诫人们，不要将奢侈当作时尚，更不要满脑子装满无穷无尽的欲望，因为那样只会让人们沉沦、堕落。春秋战国时候的韩非子说"祸莫大于可欲"；三国诸葛亮说"防奸以政，去奢以俭"；《吕氏春秋》说："欲无度者，其心无度；心无度者，则其所为不可知矣。"所表达的意思都是要讲求慎奢节欲。

《易经》第二十八卦《大过卦》九三说："栋桡，凶。"《象》曰：栋桡之凶，不可以有辅也。《象》辞的意思是屋梁弯曲之所以凶险，因为栋曲即屋倾，无法支撑。这里是说，过分的刚强而达到自负，无法得到帮助，往往会招致危险，这就是常说的盲目致祸。九四说：栋隆，吉。有它，吝。《象》曰：栋隆之吉，不桡乎下也。《象》辞的意思是：屋梁挺直之所以吉利，因为屋梁不弯曲则房屋不倾倒。意思是，认为过分的刚强，就需要以柔来辅助，强调若想避免"过"，则需以刚用柔。正所谓，阴阳相生相克，相辅相成。这就是在告诉人们如何避免"过"而导致的灾祸。事实上，任何事物都是如此，如果过于自负，在行事的时候就会显出刚强的一面。这样盲目的行事，必然会导致失败的结局。

《易经》第四十二卦《益卦》《象》曰："风雷，益。君子以见益善则迁，有过则改。"其意思是鼓励人们要敢于和善于正视自己，改正自己的缺点和错误，最终将会无往而不利。

《易经》第六十三卦《既济卦》《象》曰："水在火上，既济。君子以思患而豫防之。"其意思是说，有智慧的人能够意识到在已经成功的事情中潜伏着的隐患，所以在未忧患之时"思患"，预为防备，以保"初吉"，防患"终乱"。总而言之，就是智者应具有忧患意识，"未雨而绸缪，防患于未然。"

《易经·序卦》上说："有天地，然后万物生焉。"意思是有了天和地才有了万事万物，而非是仅有天或者仅有地，即可创生万事万物。《乾》《坤》二卦是一体两面，不可割裂来看。在《易经》中，乾卦的精神是自强不息，坤卦的精神是厚德载物，但是只要将这二者的精神合而为一的时候，才是《易经》的真正精神，也才是中华民族最核心思想的精髓所在。

从这里的分析让我们明白：即便是小心谨慎的行事，犯错误也是在所难免的。但是只要我们勇于改正错误、"吃一堑长一智"，在改正错误的过程中逐步成长，这也不失为一条聪明的成功之路。

二、《道德经》中的生态文明智慧

作为道家思想代表的老子，其哲学体系的核心是"道"。"人法地，地法天，天法道，道法自然"指的就是天地万物的运动变化必须遵循"天道"，其运动具有规律性，人不能改变而只能无条件地顺从自然规律。"道法自然"的道家强调人要以尊重自然规律为最高准则，以崇尚自然效法天地作为人生的基本皈依。道教把人、社会、自然视为一个有机整体，这对于后代人形成整体的生态意识有很大的启示。

（一）人法地，地法天，天法道，道法自然

老子认为，人与自然是统一的，他在《道德经》中说："道生一，一生二，二生三，三生万物。"讲的就是人的诞生包蕴在"三生万物"之内，人作为自然界法则的"道"的衍生物之一，人的地位与道、天、地是相同的，即所说的"道大，天大，地大，人亦大。域中有四大，而人居其一焉。"自然与人并重。老子所说的"道"，就是自然界的规律，理所当然地包括自然的发展与变化，也正因此人的生存与发展应当遵循此"道"。

《道德经》第二章说："是以圣人处无为之事，行不言之教。万物作焉而不为始，生而不有，为而不恃，功成而弗居。夫唯弗居，是以不去。"意思是说，体现真常自然之道的圣人，他们明晓天地万物之理，深知自然运化之机，而能使自己体性合于大道，因任自然，清静无为，以德化民不施酷政，正己化人，使人民不知不觉地处于浑厚的淳风之中。大道虚无自然，清静无为，生化万物而不推辞，创造了万物而不据为己有，不恃己能，不居功自傲。由于不居功，它的功绩才永远不会被埋没。大道具有如此伟大的品质，法天地自然之道的圣人，亦应具备如此品质，造福于人类而不求报。

《道德经》第三章说："不尚贤，使民不争。""不尚贤"意思是不人为地标

榜贤才。《庄子》说，在朝廷者，论爵位之高低；在宗庙祭祀时，以尊卑次序而排之；在乡邻行处者，必以年龄大小而定其称；在承办事业中，则只推崇贤能者。这是自然之序，非有意作为也。崇尚贤才，是自然而然的事情。若有意标榜，人工树立，必使人们争名逐利而不务实际，坐享其成而不做贡献。贤明为形式障蔽，为投机者所用，必失其真，流于虚名，贻误国家，危害社会。"为无为，则无不治矣。"意思是用无所作为的原则，则没有处理不好的事情。

《道德经》第二十五章说："故道大、天大、地大、王亦大。域中有四大，而王居其一焉！人法地，地法天，天法道，道法自然。"道与天地万物并主而共存。故此谓"故道大、天大、地大、王亦大"。"王"者，一国之主也。人为万物之灵。王为万人之首：人因与物均有私情，故应取法地之至公的自然之德，地应取法天无不覆的无为之道，天应取法大道虚无清净的真一体性。老子的总的观点是：既然人是天地的产物，就应当效法天地，顺应和适应天地，才能使天地人更为和谐。道法自然，即是道所遵循的是一种自然而然，无为而无不为的法则①。老子的"自然"观念，既包括"物之自然"（物之本性），又包括"人之自然"（自觉性自然），使得"根源性自然"与"自觉性自然"两层意蕴在人这里实现了统一。②"自然"两个层面的理解有机地融合在一起，共同反映了早期道家对一切存在者生存命运的关注与重视，而正是"自然"作为老庄的一个重要哲学观念所体现出来的普遍价值，是早期道家对人类自身理性精神的开启与弘扬。③ 道家的"自然"首先是出于对生存个体当下生存处境的关注，强调个体的自觉意识与独立精神，反抗制度化的奴役与驯化，反省文明的进程，抵制人的异化，积极寻求自由，向往源自本性的自然生活状态。在现代文明社会，物欲横流，人的异化日益严重，人的主体性正面临着丧失的危险，而自觉意识与独立精神也经受着不断的挑战，老庄自然观念中蕴含的自觉精神理当应给世人敲响警钟，展现其现代价值。④

老子认为，道的本性是无——无形无象，无声无色，不阴不阳，不上不下，空空洞洞，杳杳冥冥，恬然无为。然而万类咸仗，群生皆赖，无所不生，无所不造。这说明"道"的体性和功能是无为而无不为的。

以此类推，人若法天地自然之道，使其体性合于大道，虚无自然，无私无

① 萧无陂.自然的观念——对老庄哲学中一个重要观念的重新考察［M］.长沙：湖南人民出版社，2010：11.
② 萧无陂.自然的观念——对老庄哲学中一个重要观念的重新考察［M］.长沙：湖南人民出版社，2010：52.
③ 萧无陂.自然的观念——对老庄哲学中一个重要观念的重新考察［M］.长沙：湖南人民出版社，2010：53.
④ 萧无陂.自然的观念——对老庄哲学中一个重要观念的重新考察［M］.长沙：湖南人民出版社，2010.

欲，无知无偏，恬淡无为，以"道"的"无为"原则修身齐家治国，必可无所不治，无所不达，修身身健康，齐家家和睦，治国国太平，收到最佳之效果。

（二）无为而无不为与谨言慎行

《道德经》第五章说："天地不仁，以万物为刍狗。圣人不仁，以百姓为刍狗。""不仁"意思是无心仁慈，无意偏爱。"刍狗"是用草扎成的狗，是古时候所用的祭祀品之一，在此表示人们对其并无爱恨。天地无情感、无意识，对万物无所谓仁慈和偏爱，纯任万物自运自化、自生自灭。《阴符经》曰："天生天杀，道之理也。"亦是说天生万物并非因为爱，天杀万物并非因为恨，而是自然运动变化之规律。天道运行，四时成序，阴阳消长，其中自有生杀之机。春夏到，阳长阴消，万物应时而生长；秋冬至，万物应时而收藏。此皆自然之道，而非有意作为也。圣人法天地自然之道，治国理民，以无心为仁，不以个我意志加天下，人若无私无为，内充道德，处之以柔弱谦恭，必得人钦崇而尊之；反之，如人内失其德，处之以骄肆强暴，必为人厌弃而辱之。圣人无偏爱，无私情，开诚布公，替天行道，对王公贵族，庶民百姓一视同仁。

《道德经》第七章说："天长地久。天地所以能长且久者，以其不自生，故能长生。""是以圣人，后其身而身先，外其身而身存。非以其无私邪？故能成其私。"天能长生，地能长久。天地所以能够长久存在，是因为天地没有私情欲望，无心自求长生，所以能够长生。圣人法天地自然之道，处事谦让柔弱，把自身置于人后，而自然为人拥戴于先。这充分说明，只有无私，才能成其私（成就自己）。

《道德经》第八章说："上善若水，水善利万物而不争，处众人之所恶，故几于道。居善地，心善渊，与善仁，言善信，政善治，事善能，动善时。夫唯不争，故无尤。"最善的事物莫过于水。无水则不能产生芸芸丛生的生命世界；无水，任何生物都不能生存。水生于万物，滋润群生而与物无争，不求后报。它柔弱温顺，总是处于人们所鄙弃的最底下的地方。所以，水最相似于道。

常言道："人向高处走，水往低处流。"人总是喜欢奉上欺下，攀高附贵，而水则总是流向低凹的、最安全的地方，无倾覆之患。一般来说，人心总是有私心杂念，七情六欲之烦扰，而水则清澈湛然，无色透明，可鉴万物，若心灵之善渊。水善养万物，施恩不求报。植物皆沾滋润之恩，动物咸获饮食之惠，此乃仁慈也。水利万物，诚实和顺，无假无妄，表里如一，是谓"言善信"。水之为治，若大匠取法，以"平中准定上下"，不左不右，不偏不倚，对万物一视同仁最为公平，是谓"政善治"。水理万物，能力非凡。去污洗浊，攻坚克固，行船渡筏，兴云致雨，生物育人，功用不可估量，此乃"事善能"。春夏温热，万物繁衍，最需要水。此时，水则蒸云降雨，滋润群生，降温祛暑。秋冬渐寒，万物成藏，水则结为坚冰，凝为霜雪，覆盖大地，恰若天被，保护生灵，遮风御寒，此乃"动善时"。水之体性，虽有以上"七善"，但皆出于自然，与物无争，所以水才没有过失。

《道德经》第十五章说："豫兮若冬涉川"，指的是有道之士，处事接物，谦恭谨慎，不敢肆意妄进，似冬天履冰过河，时时在意，步步留神，唯恐冰凝不坚，一失足踏陷入水中。

《道德经》第三十四章说："常无欲，可名于小。万物归焉而不为主，可名于大。是以圣人终不自为大，故能成其大。"意思是说，不求名利，无私无欲，可称它为"小"，万物归附于它而自不为主，可称之为"大"。由于他从来不自大，所以能成就其大。《道德经》第三十七章说："道常无为，而无不为。"清静无为的自然之道，永远不劳心力，顺应自然。天下事物，有条有理，皆是道之所成。

《道德经》第四十八章说："为学日益，为道日损。损之又损，以至于无为。无为而无不为。"常人为学，旨在积累知识，日积月累，其知识量亦是与日俱增，乃至博学多才。与此相反，修道之人则在于不断地剔除杂念，减少思虑，以至于达到一念不起、性体圆明、自然无为的境界。达此境界则心若明镜，亦若皓月，对天地万物的微妙玄理，无不洞观普照。

《吕祖百字碑》有云："真常须应物，应物要不迷；不迷性自住，性住气自回。"这里也是强调修身养性的根本在于清静无为。《易经·既济》象曰："水在火上，君子思患，而豫防之。"《论语·泰伯》中说的"战战兢兢，如临深渊，如履薄冰"都是此意，都与《道德经》遥相呼应。

（三）淡薄奢华，适度消费

《道德经》第十二章说："是以圣人为腹不为目，故去彼取此。""为腹"是注重修持内在之德性。"为目"是忘本而逐末，迷恋于外物，求其虚华。得道之圣人总是注重内德的修养，而不是心神奔逐于外。因此，正确的态度应当是重内德、重纲本、求实用，而不是追浮华、求虚荣。

《道德经》第二十六章说："重为轻根，静为躁君。是以君子终日行，不离辎重。虽有荣观、燕处，超然。"行为狂妄是谓轻躁，恣情纵欲是谓漂浮。轻以重为根本，躁以静为主宰。行军以车载战械与军饷者为"辎重"。因此，有道德的君子任人，应事接物，一言一行，必守重静，常率其性，犹如行军运载着战械与军饷的车一样，不敢轻躁妄动。"荣观、燕处"是指声色、货利、荣贵、宴乐的胜境。此境最易使人失性动心。有道的君子遇此境，皆超然不顾。

《道德经》第二十九章说："是以圣人去甚、去奢、去泰。"体现自然之道的圣人，深知宫中多怨女，世上多旷男，一人贪货利，众人遭贫穷，泰然享豪华，万民有祸殃。所以不贪求分外的声色，而能执弃不义的货利，不贪过分的豪华，循自然，务真诚，守本分，顺天道，附人情，故无败失之患。

《道德经》第三十五章说："乐与饵，过客止。道之出口，淡乎其无味，视之不足见，听之不足闻，用之不可既。"利欲的美色、动听的音乐、爽口的厚味、香鼻的肴菜、不过只能引人注其耳目，快其口鼻，犹如过客暂且逗留一时。唯有纯粹、素朴、清净、无为的自然之道，虽淡而无味，视而不见，听而不闻，但它的功能与作用是无与伦比的，任何事物是达不到的。

《道德经》第四十四章说："知足不辱，知止不殆，可以长久。"名誉钱财皆为身外之物，人不可没有它们，但取之有道，得之有理，享之有量，不可贪之过甚。只有知道满足，才不会遭辱身之祸，只有适可而止，才不会遭亡身之灾，而可以平安无事，免遭祸殃，寿益天年。

《道德经》第四十六章说："天下有道，却走马以粪；天下无道，戎马生于郊。罪莫大于可欲，祸莫大于不知足，咎莫大于欲得。故，知足之足，常足也。"恬淡无为的自然之道行于天下，各国必安守本分，无争无战，和平相处，马亦安守本分，事耕农田，引重致远，为正常的人生效力。天下无此无为之道，人失其常，物弃其份，各国必争城掠地，相互攻伐，互相残杀，战火不息，马亦弃份，长年作战于郊外。所有这些兴兵动战、伤残百姓的罪恶，皆由于私欲过甚、贪得无厌所引起的。因而，灾祸没有大于不知足的，罪过没有大于贪得无厌的。所以，只有具有知足之心的人，才会经常感到满足，而不去侵夺别人，避免咎祸和罪过。

《道德经》第五十九章说："治人事天，莫若啬。"教天下之民，遵循人伦的自然常情，六亲和睦，长幼有序，上下慈孝，朋友有信，夫唱妇随，勤躬耕织，以求衣食。使民各安其生，互不交争，安然相处，此为治人之义。虔诚谨严，遵循天理，存心养性，不敢有丝毫伤天害理之心，是为事奉上天之义。常人以为治民和奉天是两回事，其实不然，无论是治民或奉天均需啬。"啬"是收敛神气，俭约情欲，不敢见景忘真，肆意妄为。"治人事天"，莫过于此。

《道德经》第六十三章说："为，无为；事，无事；味，无味。"圣人体虚无之妙道，法天地自然之德，不背理徇私，无为而自然成就。以无为而为，人不能知，不能见。如天道无为而无不覆；地德自然而无不载，两无为相合，万物自然化生，虽"无为，而无不为"。圣人顺天理，合人情，无有造作，不敢妄为，故国治而天下太平。常人贪名逐利，饮酒作乐，以此情欲为味，常言说："君子之交淡如水，小人之交甘如醴。"小人专尚情欲之味，非长久之乐味。圣人以道为味，是无味之味。虽是无味之味，其味长久至极。

《道德经》第六十四章说："是以圣人无为，故无败；无执，故无失，民之从事，常于几成而败之。慎终如始，则无败事。"悖理徇私的有为之为非败不可；违逆人伦的有执之执非失不可。因此圣人体虚无之妙道，循天理，顺人情，符物之自然而无为无执，所以无败无失，正如《易·系辞下》：所说"君子知微知彰，知柔知刚，万夫之望。"然而，常人则不然，始以道德戒慎，性质中途，因贪世情而忘其道，往往是功亏一篑。如果要能够长期坚持，始终如一，则定能成功。

《道德经》第六十六章说："是以圣人，欲上人，以其言下之，欲先人，以其身后之。"意思是说，圣人能在人上者，是因为他谦恭自卑，虚心接物；能在人前者，是因为他谦让。"不敢为天下先，故能成其长。"

《道德经》第六十七章说："我有三宝，保而持之：一曰慈，二曰俭，三曰不敢为天下先。"道中含有三宝：其一是仁慈，与《易经》中讲的厚德载物是异曲同工。天下万物皆在道的仁慈中生长。其二是俭约。不造作，不妄为，清净、自然、无为。顺乎天，应乎人，任物自然。其三是不自见，不自是，不自伐，不自矜，谦退处下。不以机诈、强暴炫示于事物之先。

从传统道家的生态思想体系中，我们可以认识到，资本主义生产方式以及工业文明的快速发展带来经济的快速增长，但同时也在一定程度上极大地破坏了自然环境，打破了自然界原有的生态平衡。《道德经》给人们的启示就是，应该彻底摒弃西方式的那种以"征服自然"为中心的主客二分的旧的生态观，推崇以道教思想为基础的"天人合一，和谐相处"的新生态观。

三、儒家文化中的生态文明智慧

中国传统的"靠天吃饭"的农耕文化使人与自然之间的关系十分密切。在人与自然的关系上，推崇天人合一思想。在儒家看来，天是有意志的，人必须尊天、敬天、顺天。孔子讲"畏天命"，孟子则更是认为天是一切最高的主宰，人事成败，皆由于天。"若夫成功则天也，君如彼何哉。"（《孟子·梁惠王》）由此，"天人合一"思想构成了儒家的一个基本哲学命题，这一具有普遍价值的精神资源主要表达的意思为"人与自然的和谐共处"。

（一）人无远虑，必有近忧

《论语·卫灵公》有云："子曰：人无远虑，必有近忧。"意思是说，人如果没有长远的谋划，就总会有忧虑的，或者是近的，或者是远的，但无论如何却是必然不可避免的忧患。而所谓的"人无远虑必有近忧"，就是因果循环，今日因成他日果，今天不为他日打算，他日成为今日时必然有许多忧虑，不容我们不作努力。"人无远虑，必有近忧"这句古老的谚语，充分体现了中国古代劳动人民的智慧，它告诫我们，要未雨绸缪，事先谋划，"未战而庙算"，不要老看眼前的事物，"一叶障目，不见泰山"，只顾眼前的蝇头小利而忘却人的奋斗还需要长期的目标，以及发展的可持续性。

荀子在《荀子·王制》中说，"圣王之制也：草木荣华滋硕之时，则斧斤不入山林，不夭其生，不绝其长也；鼋鼍、鱼鳖、鳅鳣孕育之时，罔罟毒药不入泽，不夭其生，不绝其长也。春耕、夏耘、秋收、冬藏，四者不失时，故五谷不绝，而百姓有余食也。污池、渊沼、川泽，谨其时禁，故鱼鳖优多，而百姓有余也。斩伐养长不失其时，故山林不童，而百姓有余材也。"其意思是说，伐木、打猎、捕鱼、采摘都要讲究时令，千万不能杀鸡取卵和竭泽而渔。其意思是说，奉行王道的帝王的法度：草木开花长大的时候，斧头不进山林砍伐，这是为了不让植物的生命夭折，不断绝它们的生长。鼋鼍、鱼鳖、鳅鳣怀孕、生育的时候，渔网、毒药不入湖泽，这是为了不让它们的生命夭折，不断绝它们的生长。春天耕种，夏天除草，秋天收割，冬天储藏，一年四季不耽误时节，所以粮食作物才不断绝，百姓就有多余的粮食了。池塘、水潭、河流、湖泊，严格遵守每个季节的禁令，所以鱼鳖丰饶繁多，百姓就有多余的资财了。树木的砍伐、培育养护不耽误时节，所以山林就不秃，百姓就有了多余的木材。荀子解释了根据万物生长的自然规律取用自然资源的道理，这与老子《道德经》的"道法自然"如出一辙，由此我们可以说，荀子和老子一样都是我国历史上早期提倡保护环境、可持续发展以及人与自然和谐的学者之一。

《中庸》指出："唯天下至诚，为能尽其性；能尽其性，则能尽人之性；能尽人之性，则能尽物之性；能尽物之性，则可以参天地之化育；可以参天地之化育，则可以与天地参矣。"《周礼·地官·序官》中说："虞，度也。度知山之大小及所生者。”“衡，平也。平林麓之大小及其所生者。”《管子》上说：
“为人君而不能谨守其山林菹泽草莱，不可以立为天下王。”《吕氏春秋·义赏》
指出：“竭泽而渔，岂不得渔，而明年无鱼；焚薮而田，岂不获得，而明年
无兽。”

华裔诺贝尔化学奖获得者李远哲在北京大学百年校庆上的讲演中指出：
“如果先进国家走过或目前正在走的道路，不是一条全世界能够永续发展的康
庄大道，那么未开发或开发中国家紧跟先进国家的后头努力追赶，就似乎毫无
意义。因为这一段辛苦追赶的路程，很可能是人类共同走向灭亡的路程。”

（二）天人合一，自然和谐

中国传统文化思想中的“天人合一”学说，是古代人对待自然与社会关系
的一个基本观点，人要充分实现自己的价值，就要实现与天地的合一，与自然
的和谐相处，顺应宇宙的发展演化的规律。

董仲舒明确地提出了“天人合一”的思想，《春秋繁露》上说，“天人之
际，合而为一。”他解释说道：“人之本，本于天。天亦人之曾祖父也。”人的
祖宗是人，祖宗的祖宗是天。“质于爱民，以下至鸟兽昆虫莫不爱，不爱，奚
足以谓仁。”因此，人要爱护万事万物。

宋代理学家张载则明确地使用了“天人合一”的概念。他说，“儒者则因
明至诚，因诚至明，故天人合一。”“民吾同胞，物吾与也。”他把人与万物都
比喻成由乾坤的阴阳二气所聚合而生成的子女，把所有的人当成同胞来看待，
把万事万物都当作是人类的朋友，人既是社会共同体的成员，也是自然共同体
的成员，因此，人类之间不仅应当相亲相爱，而且应当爱及万物，深切地表达
了人与自然的亲缘关系与和谐相处的状态，把人与自然的道德关系推向了一个
至高的境界。

明代的王守仁则认为：“于民必仁，于物必爱。”主张凡是有生命的事物，
凡是劳动成果或天生之物，都要尽力加以爱护。

我国传统文化思想中的“天人合一”学说，有两个基本特征：第一，天人
合一思想反映了中国文化中整体思维的特征。中国传统文化一向注重整体思
维，善于从事物发展的全面性来处理各方面的关系。“天人合一”把人置于自
然界当中，认为人与自然界是不可分割的有机整体，人对于自然的依赖更胜于
自然对于人的依赖，如果没有自然环境给人类提供物质基础，人类的生存环境
就无从谈起。第二，天人合一的思想反映了中国文化中的辩证性思维。在对于

人与自然的关系的系统考察中，我们的祖先既看到了人的被动性，同时也注意到了人对于自然的能动性。天人合一的思想从朴素直观的角度揭示了人是自然的一部分，在认识自然和改造自然的过程中，人既要发挥主观能动性，同时又要尊重自然界发展演化的客观规律。

由于时代条件的限制，我国古代的生态文明思想也具有局限性，限于当时的经济社会发展水平和科学技术发展状况，古人不可能找到现代意义上的完全实现人与自然和谐共生的理想途径和先进手段。但是，我们的祖先通过生产实践和对自然现象进行哲学思考，把天、地、人看作是一个有机的整体，看作是相互联系、相互依赖的不断发展和循环作用的过程，由此产生了朴素的有机论思想，产生了既有利于自然保护又有利于人类发展的可持续发展观点，产生了既重视自然界本身的发展和演化规律又重视人类自身发展的人与自然和谐共处的和谐思想与和谐文化。

（三）知错能改，善莫大焉

《左传·宣公二年》有云："人谁无过，过而能改，善莫大焉。"意思是：一般人不是圣人和贤人，谁能没有过失？如果能够知错就改，这已经是再好不过了。孔夫子在《论语·子张》中说："小人之过必文。"意思是指小人对所犯过错一定要掩饰、狡辩。孔子的学生子贡说："君子之过也，如日月之食焉；过也，人皆见之；更也，人皆仰之。"意思是君子的过失如同日蚀和月蚀，发生时人人可见；改正时人人都仰望。说明君子与小人对待所犯过错的态度截然不同，其影响也不同。人难免有过错，犯错后采取什么态度就是关键了。孔子在《论语·卫灵公》中说："过而不改，是为过矣！"意思是有错误而不改，那错误才真是错误了。所以，孔子又在《论语·学而》中说："过，则勿惮改。"意思是有过错，不要怕改正。或者可以理解为有了过错，没什么可怕，只要改正就是了。显然，犯了错误却文过饰非，或恼羞成怒，就是错上加错。

这虽然是一种处理过错的一般性方法，但是在我们进行生态文明建设的过程中，多有可以借鉴之处。我们以前走过的发展道路，我们以前通用的粗放式经济发展方式，我们以前的边污染边治理和边治理边污染相结合的社会生产与环境保护模式，已经被人类发展的历史所证明，那是我们人类在过去犯下的不可更改的错误。而可喜的是，我们人类已经深刻地意识到了自己错误的过去，已经在调整人类社会的发展方式，以促进整个人类社会的可持续发展，这是可喜的进步，这正是"过而能改，善莫大焉"。

第二节 当代中国的生态文明建设理论与实践

一、当代中国的生态文明理论

1992 年 6 月 14 日，在巴西里约热内卢的环境与发展大会上通过的《21 世纪议程》，是在鼓励发展的同时保护环境的全球可持续发展计划的行动蓝图。《21 世纪议程》是将环境、经济和社会关注事项纳入一个单一政策框架的具有划时代意义的成就。《21 世纪议程》载有 2500 余项各种各样的行动建议，包括如何减少浪费和消费形态、扶贫、保护大气、海洋和生活多样化，以及促进可持续农业的详细提议。《21 世纪议程》也是人类进行深绿色生态文明建设的标志性文件。1994 年 3 月 25 日，中国国务院第十六次常务会议审议通过了《中国 21 世纪议程》，履行了中国政府对《21 世纪议程》等文件做出的庄严承诺。

1995 年 9 月，中国共产党第十四届五中全会将可持续发展战略纳入国家"九五"发展规划和 2010 年中长期国民经济和社会发展计划，明确提出了"必须把社会全面发展放在重要战略地位，实现经济与社会相互协调和可持续发展"；2002 年 11 月，中共十六大报告把建设生态良好的文明社会列为全面建设小康社会的四大目标之一；2003 年 10 月 11 日至 14 日，党的十六届三中全会在北京举行，会议在总结以往经验的基础上又提出了包括统筹人与自然和谐发展在内的科学发展观，使得我们对于生态文明的认识上升到一个新的高度。2005 年，国务院印发了《关于加快发展循环经济的若干意见》，这是我国发展循环经济的第一个纲领性文件。"十一五"规划纲也把发展循环经济作为重大战略任务。2005 年 10 月 8 日召开的中共十六届五中全会，把"加快建设资源节约型、环境友好型社会"明确地写入《中共中央关于制定国民经济和社会发展第十一个五年规划的建议》。资源节约型社会是指整个社会经济建立在节约资源的基础上，建设节约型社会的核心是节约资源，即在生产、流通、消费等各领域各环节，通过采取技术和管理等综合措施，厉行节约，不断提高资源利用效率，尽可能地减少资源消耗和环境代价满足人们日益增长的物质文化需求的发展模式。环境友好型社会是一种人与自然和谐共生的社会形态，其核心内涵是人类的生产和消费活动与自然生态系统协调可持续发展。"资源节约型、环境友好型社会"也被简称为"两型社会"。

2007 年 10 月 15—21 日，中共十七大在北京召开，也正是在这次大会，把生态文明第一次写进了报告，要"使生态文明观念在全社会牢固树立"，并提出明确要求："建设生态文明，基本形成节约能源资源和保护生态环境的产业结构、增长方式、消费模式。循环经济形成较大规模，可再生能源比重显著上升。主要污染物排放得到有效控制，生态环境质量明显改善。"

2007 年 12 月 3 日至 14 日，联合国气候变化大会于印度尼西亚巴厘岛召开，180 多个国家和地区及相关机构约 1 万名代表出席。在气候问题关系到环境变化、经济可持续发展和国与国之间的关系等越来越引起国际社会的广泛关注的背景下，气候大会在最后阶段"得益于"美国的让步通过了"巴厘岛路线图"。也使得巴厘岛大会成为《联合国气候变化公约》历史上的一座里程碑，对中国而言，更是格外地具有里程碑的意义。《中国应对气候变化国家方案》堪称整个发展中国家的楷模。对中国而言，这是中国在气候领域里的根本方案；从国际意义上看，方案向国际社会表明，中国是一个负责任的发展中大国，言必信、行必果。①

从以上分析可以得出结论，中国历来十分重视生态文明的建设，而且以经济全球化和世界一体化为历史契机，以中国经济社会的发展现实为基础，高举中国特色理论的大旗，以中国生态文明为突破口，努力引领世界生态文明建设的潮流。

二、当代中国的生态文明实践

新中国建立以后，特别是改革开放以来，中国经济社会的发展所取得的成就是有目共睹的。与此同时，我国的社会经济建设中也存在一些不容忽视的问题，特别是与生态环境相关的问题尤为突出。

根据英国石油公司（BP）提供的相关数据，中国是世界第二能源生产和消费大国，中国初级能源消费占世界总量的比重由 1980 年的 6.28% 增加到 2005 年的 14.75%；中国是世界第二发电生产和消费大国，中国发电量占世界发电总量的比重已经由 1990 年的 5.32% 提高到 2005 年的 13.61%；中国煤炭探明储量居世界第三位，占世界总储量的 12.6%。但是 2006 年中国的煤炭消费总量占世界煤炭消费总量的 38.6%。根据世界自然基金会（WWF）的报

---

① 张坤民等. 低碳经济论 [A]. 邹骥, 应对低碳挑战, 中国胜算几何? [C]. 北京：中国环境科学出版社，2008：194～199.

告，目前世界生物生产力供给量超载地球能力的 25%，如果全球人均消耗生物生产能力达到美国人的平均水平，则需要 5.4 个地球；如果达到欧盟国家的人均水平则需要 2.7 个地球；如果达到日本人的人均水平则需要 2.5 个地球；但是如果达到中国人的人均水平只需要 0.9 个地球。这个数据表明，如果中国人均消耗生物生产能力进一步提高，则会加剧全球人与生态环境的不平衡性。这也从另外一个方面决定了中国既不能走"美国路"，也不能走"欧盟路"和"日本路"，只能走具有中国特色的"中国路"，这就是可持续发展的绿色之路，即生态文明之路。[①]

历史的发展经验已经明确地告诉我们，中国的现代化不能走西方发达国家的老路，即生活高消费、资源高消耗、污染人均高排放的传统现代化道路，也不能把现代化发展的代价转嫁到其他落后的国家和地区，而必须要走非传统的生活适度消费、资源低消耗、污染低排放的"资源节约型和环境友好型"的新型现代化道路。

中国政府多年来重视可再生能源的发展，其成就也引人入目。1995 年国务院批准了《1996—2010 年新能源和可再生能源发展纲要》，2006 年 1 月 1 日开始实施《中华人民共和国可再生能源法》，在国家"十五"和"十一五"计划纲要中都强调了新能源与可再生能源的开发。2007 年，中国在非水电可再生能源上的投资达到 108 亿美元。目前，中国可再生能源的整体规模已经跻身于世界前列。中国是世界上最大的太阳能热水器生产国和第三大光伏电池生产国。[②] 国家财政部制定的《政府预算收支科目》中，与生态环境保护相关的支出项目约 30 项，其中，具有显著生态补偿特色的支出项目如退耕还林、沙漠化防治、治沙贷款贴息占支出项目的三分之一强，但没有专设生态补偿项目。

另外，中国不仅进行低碳经济、循环经济等相关的实践探索，而且在结合中国社会经济发展实际的基础上，不断创新和开拓进取，在生态科技园建设，生态城市建设，示范生态村建设，生态旅游区建设，中国耕地保护与沙漠治理，中国森林、湿地、牧场保护，水资源、动物、植物保护，环境与生态保护，现代城市建设与古文化保护等方面形成了具有中国特色的生态文明建设实践。真正地把生态文明的理念落到实处。但是与此同时，中国的生态文明相关技术相对落后的现实，也使得中国的生态文明实践还有很长的路要走。

① 张坤民等．低碳经济论［A］．胡鞍钢．"绿帽"模式的新内涵——低碳经济［C］．北京：中国环境科学出版社，2008：481~482.
② 中华人民共和国科学技术部．国际科学技术发展报告（2009）［R］．北京：科学出版社，2009：16.

第四章 中国生态文明建设的理论基础

在中国进行生态文明建设，需要适合中国国情的理论基础。中国进行生态文明建设不仅关系到中国人民的前途与未来，同时也与人类世界的明天密切相关，因此，中国进行生态文明建设就需要从战略的高度进行长远规划，从人类社会整个系统的角度进行衡量，以低碳经济和循环经济为着手点，大力发展绿色经济，以促进人类社会的可持续发展为最终目标，进行深绿色的生态文明建设。

第一节 系统科学理论

人类是各种问题的始作俑者，同时也是解决各种问题的最终依靠力量。因此，在全球化的大背景下，人类思考和解决问题必须具有全球意识，而全球意识的确立需要系统的思想和战略思维。随着科学技术的不断发展，人类社会的各种问题也从最初的单纯形式发展为相互关联、相互交错的盘根错节状态，问题的范围已经波及人类活动的各个领域，问题的严重程度也在不断扩大，已经引发的全球危机让人类陷入了前所未有的发展困境，如果人类再不从整体加以考虑提出切实可行的解决方案，人类的明天将难以预测。人类社会的组成部分，包括政治、经济、文化、科技、自然、社会等是一个有机的整体，他们相互依存、相互作用、共同演化。人类只有运用系统的思想，整体考察人类发展中各种问题之间的相互关系，各种问题的解决方案才可能是科学的判断和英明的决策，而不至于由于一个决策失误而形成多米诺骨牌效应，在解决问题的过程中出现更多的新问题。

系统思想源远流长，但作为一门科学的系统论，人们公认是美籍奥地利人、理论生物学家 L. V. 贝塔朗菲（L. Von. Bertalanffy）创立的。1952 年，贝塔朗菲提出了系统论的基本思想，1973 年提出了一般系统论原理，奠定了这门科学的理论基础。1968 年，贝塔朗菲发表的专著《一般系统理论——基础、发展和应用》被公认为是系统论的代表作。在此基础上，系统论不断地发展和深化，并被广泛应用于分析各种对象。

一、系统科学基本理论

系统，就是由相互联系和相互作用的若干要素或部分组成的具有新的功能的有机整体。一般来说，根据系统结构的复杂程度可以分为简单系统和复杂系统，而随着系统科学的不断发展，系统的范畴也在不断地扩大，其中，复杂系统又可以分为简单巨系统、复杂巨系统、开放复杂巨系统等。

一般系统论的创立者贝塔朗菲把一般系统论分为狭义的和广义的两种，狭义的系统论是对系统及其构成要素的描述和分析的理论；而广义系统论则是与应用学科联系在一起的基础理论，控制论、信息论、系统工程与运筹学等是一般系统论应用的产物。他认为，广义系统论可归结为一般系统科学。他还把这种广义系统论区分为"系统"的科学、数学系统论；系统技术；系统哲学等三个方面。很显然，贝塔朗菲的广义系统论与我们说的系统科学相近似。

系统论的核心思想是系统的整体观念。贝塔朗菲强调，任何系统都是一个有机的整体，它不是各个部分的机械组合或简单相加，系统的整体功能是各要素在孤立状态下所没有的新质。他用亚里士多德的"整体大于部分之和"的名言来说明系统的整体性，反对那种认为要素性能好，整体性能一定好，以局部说明整体的机械论的观点。同时认为，系统中各要素不是孤立地存在着，每个要素在系统中都处于一定的位置上，起着特定的作用。要素之间相互关联，构成了一个不可分割的整体。要素是整体中的要素，如果将要素从系统整体中割离出来，它将失去要素的作用。正像人手在人体中是劳动的器官，一旦将手从人体中砍下来，那时它将不再是劳动的器官了一样。

系统论的基本思想方法，就是把所研究和处理的对象，当作一个系统，分析系统的结构和功能，研究系统、要素、环境三者的相互关系和变动的规律性，并以优化系统观点看问题，世界上任何事物都可以看成是一个系统，系统是普遍存在的。大至渺茫的宇宙，小至微观的原子，一粒种子、一群蜜蜂、一台机器、一个工厂、一个学术团体……都是系统，整个世界就是系统的集合。

系统科学则是以系统思想为中心的一类新型的学科群，它包括系统论、信息论、控制论、耗散结构论、协同学以及运筹学、系统工程、信息传播技术、控制管理技术等许多学科，是 20 世纪中叶以来发展最快的一大类综合性科学。

这些学科是分别在不同领域中诞生和发展起来的，如系统论是在 30 年代由贝塔朗菲在理论生物学中提出来的；信息论则是申农解决现代通讯问题而创立的；控制论是维纳在解决自动控制技术问题中建立的；运筹学是一些科学家应用数学和自然科学方法参与第二次世界大战中的军事问题的决策而形成的；系统工程则是为解决现代化大科学工程项目的组织管理问题而诞生的；耗散结构论、协同学等则是理论物理学家为解决自然系统的有序开展的控制问题而创立的。它们本来都是独立形成的科学理论，但它们相互间紧密联系，互相渗透，在发展中趋向综合、统一，有形成统一学科的趋势。因此，国内外许多学者认为，把以系统为中心的这一大类新兴科学联系起来，可以形成一门有着严密理论体系的科学。

早在 20 世纪 60 年代，美国一些学者看到了系统工程的发展与有关的基础理论紧密相关、系统工程与控制论的大系统理论互相渗透的情况，就将系统工程称为系统科学，美国的《系统工程》杂志也改称为《系统科学》杂志。国际系统协会联合会主席、《国际一般系统论杂志》主编、美国纽约大学教授 G. J. 克利尔在其发表的《关于系统的科学：新的科学测度》一文中，充分评价了系统科学的地位和功能及其研究所取得的进展。他认为，20 世纪下半叶科学发展的主要特征之一，就是产生了一系列相互联系的研究领域：一般系统论、数学系统论、控制论、信息论、决策论和人工智能研究等。所有这些研究领域的出现和发展，在很大程度上是由于电子计算机的产生和发展的结果。并认为，现在这些相互联系的研究领域都被看作是关于系统的科学的有机组成部分。

近年来，我国学者对系统科学的研究有较大的进展。许多学者在各种不同的会议上讨论系统科学的问题，提出了许多种关于系统科学体系结构的见解。其典型者有如下几种：

一种观点认为，系统科学包括五个方面的内容，有系统概念、一般系统理论、系统理论分论、系统方法论和系统方法的应用。系统概念是关于系统的基本思想；一般系统理论是指用数学形式描述的关于系统的结构和行为的纯数学理论；系统理论分论是指为解决各种特定系统的结构与行为的一些专门学科，如图论、博弈论、排队论、决策论等；系统方法论是指对系统对象进行分析、计划、设计和运用时所采取的具体应用理论及技术的方法步骤，主要指系统工程和系统分析；系统方法的应用是指将系统科学的思想与方法应用到各个具体领域中去。

另一种观点认为，系统科学是研究系统的类型、一般性质和运动规律的科学。系统科学作为一个完整的科学体系包括系统学、系统方法学和系统工程学三部分。系统学有系统概念论、系统分类学、系统进化论。系统方法学有结构方法、功能方法、历史方法和系统方法的基本原则等。系统工程学是系统科学的应用领域，可定义为：系统工程学＝系统方法＋运筹学＋电子计算机技术。

关于系统科学的内容和体系结构的最详尽的框架，是我国著名科学家钱学森提出来的。钱学森长期以来倡导系统工程，重视系统科学的研究。1979 年，他发表《大力发展系统工程，尽早建立系统科学的体系》的文章以后，多次发表关于系统科学的观点，到 1981 年发表《再谈系统科学的体系》止，逐步形成了他的系统科学的体系结构。钱学森把系统科学看成是与自然科学、社会科学、数学等具有同等地位的一类科学。他把系统科学的体系结构分成四个台阶：居于第一层的是系统工程、自动化技术、通信技术等，这是直接改造自然界的工程技术层次；第二层有运筹学、巨系统理论、控制论、信息论等，是系统工程技术的直接理论，属技术科学层次；第三个台阶是系统学，它是系统科学的基本理论；最高一层则是系统观，这是关于系统的哲学和方法论的观点，是系统科学通向马克思主义哲学的桥梁和中介。

二、系统思维及其应用

系统论的出现，使人类的思维方式发生了深刻的变化。以往研究问题，往往是把事物分解成若干部分，抽象出最简单的因素来，然后再以部分的性质去说明复杂事物。这是笛卡尔奠定理论基础的分析方法。这种方法的着眼点在局部或要素，遵循的是单项因果决定论，虽然这是几百年来在特定范围内行之有效、人们最熟悉的思维方法。但是它不能如实地说明事物的整体性，不能反映事物之间的联系和相互作用，它只适应认识较为简单的事物，而不胜任于对复杂问题的研究。在现代科学的整体化和高度综合化发展的趋势下，在人类面临许多规模巨大、关系复杂、参数众多的复杂问题面前，就显得无能为力了。正当传统分析方法束手无策的时候，系统分析方法却能站在时代前列，高屋建瓴，综观全局，别开生面地为现代复杂问题提供了有效的思维方式。所以系统论，连同控制论、信息论等其他横断科学一起所提供的新思路和新方法，为人类的思维开拓新路，它们作为现代科学的新潮流，促进着各门科学的发展。

系统思维方式，是根据系统概念、系统的性质、关系和结构，把研究对象有机地组织起来构成模型，研究整个系统的功能和行为，着重从整体上去揭示系统内部各组成要素之间以及系统与外部环境的多种多样的联系、关系、结构和功能。它是以系统观为基础，以研究复杂性为主要任务的一种现代思维方式。

系统思维与还原论和形而上学不同，系统思维所考察的事物侧重点不是部分而是整体。它不是如形而上学思维那样把分析与综合分为截然不同的两个阶段的单向性思维，而是把综合与分析通过反馈耦合形成双向思维。

系统思维把部分系统的组成部分联系起来进行研究，相比较而言，比起对这些部分独立地进行微观分析更能揭示事物运动和发展变化的规律。系统思维不再停留在单个考察事物的水平，而是把认识提高到系统的层次，把对象看作要素按照不同的联系方式，组成不同的结构，具有不同的功能，是结构和功能的统一体，把结构看作是系统内部联系的描述，而把功能看作是系统与外部联系的表征，并且指出了系统的层次性。[①]

系统思维反映了现代科学发展的趋势，反映了现代社会化大生产的特点，反映了现代社会生活的复杂性，所以它的理论和方法能够得到广泛的应用。系统思维不仅为现代科学的发展提供了理论和方法，而且也为解决现代社会中的政治、经济、军事、科学、文化等方面的各种复杂问题提供了方法论的基础，系统思维的观念正渗透到每个领域。

正是在系统科学理论不断深入发展的背景下，系统思维在人类生产和生活的各个领域大显身手。从系统论的观点来看，我们生活的人类世界是一个复杂的巨系统，对于整个世界的考察离不开对各个部分相互关系的考察。而生态文明的建设也一样，生态系统和人类发展本身也是一个相互关系十分复杂的系统。生态文明相关的一系列问题，特别是在中国的现实环境下解决问题，就需要考虑一系列问题之间的相互联系，从整体有利于中国明天发展的角度出发，制定相应的策略来发展生态文明。也只有这样，我们才能更好地以生态文明为契机实现人类社会的可持续发展。

第二节　低碳经济理论

低碳经济是指温室气体排放量尽可能低的经济发展方式，尤其是要有效控制二氧化碳这一主要温室气体的排放量。在全球气候变暖的大背景下，低碳经

---

① 魏宏森.STS研究的现代思维方式——系统思维 [A].殷登祥.技术的社会形成 [C].北京：首都师范大学出版社，2004：27.

济受到越来越多国家的关注。低碳经济以低能耗、低排放、低污染为基本特征，其实质是提高传统化石能源利用效率同时降低二氧化碳排放量，以及增加清洁能源和可再生能源在能源供应中的比例以改变现有的能源供应结构，其核心是技术创新、制度创新和发展观的改变。发展低碳经济是一场涉及生产模式、生活方式、价值观念和国家权益的全球性革命。

一、低碳经济理论的提出

"低碳经济"最早见于政府文件是在 2003 年的英国能源白皮书《我们能源的未来：创建低碳经济》。作为第一次工业革命的先驱和资源并不丰富的岛国，英国充分认识到了能源安全和气候变化的威胁，它正从自给自足的能源供应走向主要依靠进口的时代，按目前的消费模式，预计 2020 年英国 80％的能源都必须依靠进口。同时，气候变化的影响迫在眉睫。[①]

近年来，世界人民已经逐渐达成共识，温室气体的过量排放已经导致了全球气候变暖，而全球变暖已经对地球产生了不可逆转的影响。因此，减少以二氧化碳为主的温室气体的排放是世界各国共同的任务。而对过去几十年来大气二氧化碳排放负有主要责任的工业发达国家首先需要实现碳减排。英国的《斯特恩报告》指出，如果按照全世界目前的趋势发展下去，气候变化可能造成的经济代价将相当于大萧条和世界大战带来的经济损失的总和。若不采取行动实现碳减排以遏制全球气候的变化，对人类生态环境造成的后果将不堪设想。在巨大的压力和挑战面前，世界各国都在探索未来的可持续发展路径。在此大背景下，"低碳经济"的概念已经在几年前就应运而生了，并且目前已经得到了很多国家的政府支持。现代的研究已经证明：低碳经济必将成为未来经济增长的新动力，在发展低碳经济中充满着商机，谁执低碳经济之牛耳，谁就将在未来的国际竞争中掌握话语权和主动权。

"低碳经济"就是节能减排和能源构成多样化的经济，就是要显著降低以碳为基础的燃料（煤、石油和天然气）所排放的二氧化碳，同时大力开发利用可再生能源和核能等新能源，同时提高现有能源的利用效率，利用现代高技术进行碳捕获、碳封存等相关技术的推广和应用。因此，"低碳经济"需要依靠强大的技术力量作为支撑，而新能源的开发和利用也非常关键。

近几年来，由于全球气候变暖、生态失衡和环境污染等原因，已经导致全

---

① 张文台.生态文明建设论［M］.北京：中共中央党校出版社，2010：117.

球范围内自然灾害和极端气候条件频发，也使得气候变化成为全球面临的最严峻的挑战之一。联合国前秘书长安南曾经指出："气候变化影响到人类社会的各个领域，从就业、健康、经济增长到社会安全，气候变化的影响无处不在。"气候变化的问题也不仅仅是一个单纯的环境问题，同时也是社会问题、经济问题和政治问题。另外，从能源安全的角度讲，能源的短缺将成为威胁未来可持续发展的瓶颈。一方面，由于石油储量趋于枯竭，中东地区、俄罗斯等产油区的能源供应安全得不到保障；另一方面，一批新兴国家的经济高速增长，导致全球能源需求量和消耗量急剧增加。因此，大力发展传统化石能源的替代能源和低碳能源，努力实现节能减排，积极提高现有能源的利用效率，对于"生态文明"的未来发展大有裨益。

发展低碳经济，转变能源资源的利用方式，开发替代能源和可再生能源，提高现有能源的利用效率，是未来经济社会可持续发展的必由之路。同时，只有发展低碳经济，减少温室气体的排放，保障能源供应的安全，减轻经济增长对生态环境和全球气候的不利影响，才能引领经济和社会实现长期、可持续的繁荣和发展，才能在全球范围内早日实现生态文明。

二、发展低碳经济的机遇和挑战

发展低碳经济，应对气候变化和能源短缺，给人们带来的不仅是挑战，同时也是巨大的机遇。低碳经济具有广阔的发展前景，孕育着无限的商机。对于各国政府、企业和个人来说，低碳经济都是重要的战略机遇。发展低碳技术、开发新能源和提高现有能源利用效率，将催生新的企业和产业，开辟新的贸易市场，提高生产效率，同时创造就业岗位。对于企业而言，发展低碳技术，意味着改变生产和组织结构，提供全新的产品和全新的服务，创造和利用全新的商业机遇。对于个人而言，低碳经济则是改变消费和生活方式，充分发挥创业精神、创新能力和创造力的机遇。能够抓住这个机遇的国家、企业和个人必将在新的经济发展背景下获得巨大的商业收益，同时也会为人类社会的可持续发展做出巨大的贡献。

发展低碳经济，虽然需要付出一定的经济成本，但它带来的经济利益将会远远大于成本。据估计，到 2010 年年底，全球可再生能源、废弃物处理等产业的产值将达到 7000 亿美元，与全球航空业的产值相当。到 2050 年，全球低碳能源行业的总增加值将高达每年 3 万亿美元，这个行业的就业人数将会突破

2500 万人。[①]

　　在目前全球性经济不景气和金融危机的大背景下，一些国家可能会对低碳经济发展路径退避三舍，不愿意为发展低碳经济进行先期的投入，从而使得低碳经济的行动步伐受到一定的影响。但是如果世界各国能够意识到低碳经济在创造经济财富、社会就业等方面的巨大潜力，低碳经济也将有助于帮助这些国家走出经济的低谷，走向可持续发展的未来。

第三节　循环经济理论

　　循环经济是一种以资源的高效利用为核心，以"减量化、再使用、再循环"为原则，以"低消耗、低排放、高效率"为基本特征，以生态产业链为发展载体，以清洁生产为重要手段，达到实现物质资源的有效利用和经济与生态相协调的经济发展方式。因此，循环经济是符合可持续发展理念的经济增长模式，是对"大量生产、大量消费、大量废弃"的传统经济增长模式的革命性的改变。

一、浅绿色的循环经济理论

　　从理论渊源上来说，最早对生产过程中废弃物循环利用进行系统分析的是马克思。他在分析资本循环和利润变化时指出："生产排泄物，即所谓的生产废料再转化为同一个生产部门或另一个生产部门的新的生产要素：这是这样一个过程，通过这个过程，这种所谓的排泄物就再回到生产从而消费的循环中。"马克思接着还指出："这一类节约，也是大规模社会劳动的结果。由于大规模社会劳动所产生的废料数量很大，这些废料才重新成为商业的对象，从而成为新的生产要素……这种废料，会按照它可以重新出售的程度降低原料的费用……会相应地提高利润率。"[②] 在这里的分析，马克思虽然没有使用"循环经济"的称呼，但是从马克思的分析可知，马克思认为：第一，废弃物的循环利用受资本循环过程中的生产条件制约；第二，废弃物的循环利用应建立在规模

---

　　① 中华人民共和国科学技术部. 国际科学技术发展报告（2009）［R］. 北京：科学出版社，2009：12.

　　② 中共中央马克思恩格斯列宁斯大林著作编译局. 马克思恩格斯全集·第 25 卷［M］. 北京：人民出版社，2008：95.

经济的基础之上；第三，废弃物的循环利用是一种资本逐利的行为。在这里，很显然马克思是从节约资源从而节约成本和提高利润率的角度来认识资源和废弃物循环利用的，并没有把废弃物的利用与环境保护与减少污染联系起来，更没有与生态文明相结合。我们暂且把这种以节约资源、节约生产成本为主要目的而在客观上促进了生态和环境改善的废弃物循环利用定义为浅绿色的循环经济。

循环经济的产生和发展，是人类对人与自然关系深刻反思的结果，是人类在社会经济的高速发展中陷入资源危机、生态失衡和生存危机，不得不深刻反省自身发展模式的产物。从经济学的角度来说，循环经济是把上一生产过程产生的废料变为下一生产过程的原料（生产要素），使一系列相互联系的生产过程实现环状式的有机组合，变成几乎无废料的生产。这是一种能够最大限度地节约资源、最大限度地提升资源利用率的经济增长模式。[①] 循环经济也是一种生态经济，即按照自然生态物质循环方式运行的经济模式，它要求用生态学规律来指导人类社会的经济活动。循环经济以资源节约和循环利用为特征，也可以称为资源循环型经济。一个理想的循环经济系统是把清洁生产和旧物再用或废物再生资源融为一体，通过包括资源开采者、产品生产者和消费者、旧物再用或废物再生资源者，在不断循环利用的基础上发展经济。循环经济的概念，更新了环境在经济中的地位，使得环境由一个经济发展的外部因素、制约性因素，变为经济健康发展的内在因素、促进因素。

二、深绿色的循环经济理论

1962 年，美国经济学家肯尼思·艾瓦特·鲍尔丁（Kenneth Ewart Boulding）提出的"宇宙飞船理论"以及"用能循环使用各种资源的循环式经济代替过去的单程式经济"的观点，被看作是循环经济思想的萌芽。所谓的单程式经济，就是传统工业化模式下，"大量生产—大量消费—大量排泄废弃物"的技术经济模式。循环经济即是指废弃物经过加工处理变成再生资源，再回到生产过程中循环使用的经济发展模式。但是鲍尔丁的循环经济思想仍然没有超出马克思浅绿色循环经济思想的范畴，但是他提出变单程式经济为循环式经济，不是基于资本的节约，而是基于地球上不可再生资源的有限性，同时也把循环经济提高到了技术经济范式的层次。

---

① 李义平. 循环经济的经济学分析［N］. 人民日报，2007—01—08（09）.

随着循环经济理论和实践地不断发展，其关注的焦点也越来越多地汇集到了环境治理与环境保护上。一方面，这是因为 20 世纪五六十年代的一系列环境事件的发生，使得人们在 60 年代以后开始关注生态与环境保护的相关问题；另一方面，从西方经济学的观点看，市场价格机制可以解决资源的短缺问题：资源的短缺引起的供求关系变化必然引起价格的上涨，迫使生产者通过技术手段节约使用日益昂贵的资源，或者寻求替代资源。同时，由于环境具有明显的公共性，难以确定其产权，传统的市场方法解决不了环境污染和环境治理的问题。为了治理工业化生产而带来的严重的环境污染，西方国家曾采取过对排放的废弃物进行无害化处理的末端治理的环境保护模式。事实证明，这种模式成本巨大但效果并不理想，而且人类的生态环境一旦遭到破坏便难以完全恢复。这些实践为循环经济的系统发展提供了契机。

20 世纪 80 年代以来，西方发达国家开始采取从源头预防废弃物产生，以达到从源头控制环境污染和生态破坏的目的。由于所有废弃物都是消耗资源产生的，所以减少资源消耗和对产生的废弃物进行循环利用就成为环境保护和生态修复最有效的途径。因此，发达国家政府通过制度创新，在传统市场经济框架内引入了环境治理和环境交易制度体系，把环境作为经济要素纳入市场经济循环中。通过对循环利用资源和废弃物进行专项立法，进而发展到进行综合立法来促进循环经济的发展。我们把这种以生态和环境保护为最终目的的循环经济发展方式称为深绿色的循环经济。

而发展循环经济，关键在于认真履行"减量化、再利用、再循环"即"3R"原则，这是循环经济最重要的行为准则。第一、减量化原则（Reduce）。要求用较少的原料和能源投入来达到既定的生产目的或消费目的，进而从经济活动的源头就注意节约资源和减少污染。在生产中，减量化原则常常表现为要求产品小型化和轻型化。减量化还要求产品的包装应该追求简单朴实而不是奢华浪费，从而达到减少废物排放和节约资源和能源的目的。第二、再使用原则（Reuse）。要求制造产品和包装容器能够以初始的形式被反复使用。再使用原则要求抑制当今世界一次性用品的泛滥，生产者应该将制品及其包装当作一种日常生活器具来设计，使其像餐具和背包一样可以被再三使用。再使用原则还要求制造商应该尽量延长产品的使用期，而不是非常快地更新换代，减少资源和能源的浪费。第三、再循环原则（Recycle）。要求生产出来的物品在完成其使用功能后能重新变成可以利用的资源，而不是不可恢复的垃圾。按照循环经济的思想，再循环有两种情况：一种是原级再循环，即废品被循环用来生产同一种类型的新产品,例如报纸—再生报纸、易拉罐—再生易拉罐等;另一种是次级再循环,即将废物资源转化成其他产品的原料。原级再循环在减少原材料消耗上面达到的效率要比次级再循环高得多,是循环经济追求的理想境界。

因此,发展循环经济就要必须在发展理念上有所突破,要彻底改变传统的重开发、轻节约、片面追求 GDP 增长,重速度、轻效益,重外延扩张、轻内涵提高的传统的经济发展方式,把依赖于资源消耗的传统的线性的不可持续的经济增长,转变为依靠资源生态循环发展的新型经济模式。这既是一种新的经济发展方式,也是一种新的污染治理方式,同时又是经济发展、资源节约与环境保护的一体化发展战略,更是实现生态文明的必经之路。

第四节 可持续发展理论

朴素的可持续发展观念古已有之,但是,现代意义上的可持续发展思想至少可以追溯到 20 世纪五六十年代人类对于传统的工业化发展模式所带来一系列环境和生态问题的反思。

一、可持续发展理论的形成和发展

1972 年 6 月,联合国在受到酸雨危害最为严重的国家瑞典召开了人类历史上第一次"人类与环境会议"。这次会议被认为是人类关于环境与发展问题思考的第一个里程碑,大会通过了具有历史意义的文献《人类环境宣言》。从现代的观点看,这次会议的主题虽然偏重于讨论由传统工业化发展所引起的环境问题,而没有更直接地关注生态环境与人类发展之间的相互依存关系,但其已经闪烁着非常可贵的可持续发展思想的火花。"可持续发展"一词,最早出现在 1980 年国际自然资源保护联盟、联合国环境规划署和世界野生生物基金联合发表的《自然资源保护大纲》中。

对于可持续发展理论的最终形成和发展起到关键性作用的则是 1983 年成立的世界环境发展委员会。该委员会在挪威前首相布伦特兰夫人的领导下,于 1987 年向联合国提交了一份名为《我们共同的未来》的报告。报告中对可持续发展做出了定义:可持续发展是既满足当代人的需要,又不对后代人满足其需要的能力构成危害的发展。这个定义旗帜鲜明地表达了两个基本观点:一是人类要发展，尤其是穷人更要发展；二是发展要有限度，不能危及后代人的发展。该报告以"共同的关切""共同的挑战""共同的努力"概括了当前人类发展所共同面临的严重危机，并对可持续发展的内涵做出了比较系统的理论阐述，也因此成为可持续发展理论正式形成的根本性标志。

1992 年 6 月，在巴西的里约热内卢召开的联合国环境与发展大会是人类对于环境与发展问题思考的第二个里程碑。会议通过的《里约热内卢环境与发展宣言》和《21 世纪议程》，第一次把可持续发展由理论和概念推向了人类的实践行动。根据形势的需要，联合国在这次会议以后成立了"联合国可持续发展委员会"。这次会议以可持续发展为指导思想，不仅加深了人们对于环境问题的认识，而且把环境问题与经济、社会发展结合起来，树立了人们对环境与发展相互协调的观点，找到了一条在发展中解决环境问题的新思路。可以说，以这次会议为标志，人类开始跨进了一个绿色的可持续发展的时代。

作为一种新的发展理念和发展战略，可持续发展具有以下基本原则：

第一，发展原则。发展原则突出了发展的主题，而这一原则又包括三个方面：一是指出发展的必要性，认为发展是可持续发展的前提，那些主张必须停止发展以保护环境和生态的观点是不可取的，也是不符合人类认识自然的发展规律的。二是指出发展不单纯是一个经济现象，发展与经济增长的概念有着根本的区别，更不能简单地把经济的增长等同于发展。三是认为发展是人类共同的普遍的权利，无论是发达国家还是发展中国家都享有平等的不容剥夺的发展权利。

第二，可持续性原则。可持续性原则的核心是人类的经济和社会发展必须维持在环境和资源所能承受的限度以内。可持续发展从人类长远的利益出发，追求人类社会世世代代延续不断地发展。

第三，共同性原则。共同性原则强调了人类根本利益和行动的共同性。在可持续发展思想看来，尽管世界各国的历史、文化、制度、信仰和发展水平等存在着较大的差异，可持续发展的具体目标、政策和实施步骤不可能是整齐划一的，但是人类生活在同一个地球上，根本的利益是一致的，而且实施可持续发展也需要不同国家和地区的人们超越民族、文化、地理以及意识形态来共同行动。

第四，公平性原则。所谓公平，就是指人与人之间的互利共赢和协同发展。公平性原则有两方面的含义：一方面是代内之间的公平即横向的公平性。可持续发展主张代内所有的国家、地区、群体都要有同等的发展权利和发展机会，可以共享发展的成果。另一方面是代际公平性，即世代人之间的纵向公平性。代际公平性强调当代人在发展与消费的同时，应当承认并努力做到后代人有同等的发展机会。这种代际公平性包括两个基本要点：一是当代人对后代人生存和发展的可能性负有不可推卸的责任，必须加强对未来人负责的自律性意识；二是可持续发展要求当代人为后代人提供至少和自己从前辈人那里继承下来的同样多甚至更多的财富，特别是发展潜能和发展空间。

二、可持续发展理论的现实困境

20 世纪 90 年代以来，人类社会就一直不懈地在推进着可持续发展战略。1993 年的 2 月，联合国"可持续发展委员会"正式成立，其职责是追踪联合国系统在实施《21 世纪议程》和《约翰内斯堡实施计划》的情况及将环境与发展密切结合方面取得的进展；审议各国提供的关于实施《21 世纪议程》和《约翰内斯堡实施计划》情况的信息，包括各国在此方面面临的资金、技术转让等问题；审议执行《21 世纪议程》的进展情况，包括提供资金和转让技术，以及发达国家的官方发展援助是否达到了其国民生产总值 0.7％的水平等。

为了使人类免受气候变暖的威胁，1997 年 12 月，在日本的京都召开联合国气候变化框架公约第三次缔约方大会，通过了旨在限制发达国家温室气体排放量以抑制全球变暖的《京都议定书》，《京都议定书》规定，到 2010 年，所有发达国家二氧化碳等六种温室气体的排放量要比 1990 年减少 5.2％。2005 年 2 月 16 日，旨在遏制全球气候变暖的《京都议定书》正式生效。这是人类历史上首次以会议法规的形式限制温室气体排放。美国和澳大利亚曾是唯一两个没有签署《京都议定书》的发达国家。但是在 2007 年 12 月 3 日，澳大利亚工党领袖陆克文宣誓就任第 26 任总理后，就在当天签署了该协议，正式批准了《京都议定书》，这也使得美国成为目前最后一个尚未签署该协议的发达国家。

20 世纪 90 年代以来，为了适应环境保护的需要，在国际上掀起了一股绿色浪潮，这股浪潮冲击了人们生产生活的各个方面。在这股浪潮的影响下，绿色农业、绿色工业、绿色技术、绿色投资、绿色产品、绿色消费、绿色社区、绿色生活等纷纷形成和出现。绿色浪潮的直接目的，就是通过绿色化、环保化的生产和生活，以减少人们对生态环境和自然资源的污染、破坏和浪费，使得人与自然的关系得到优化协调。

地球村的居民在保护环境、推进可持续发展方面确实做了大量的努力，也取得了一些成效，但当今世界环境问题依然相当严峻。2002 年年初，前联合国秘书长安南在发表的《"二十一世纪议程"执行报告》中指出："世界环境状况依然太脆弱，目前的保护环境措施远远不够。"安南的这份报告总结了自

1992 年联合国在巴西里约热内卢举行的世界环境与发展大会以来，国际社会执行《21 世纪议程》所取得的成果和存在的问题。报告指出，在过去的 10 年间，扭转世界环境恶化，催进人类发展的努力总体上成效不大。

从 2002 年到现在，情况也不容乐观。2007 年 11 月，联合国政府间气候变化专门委员会会议在西班牙召开。会议讨论的是这两年已经热得不能再热的全球气候变暖的话题。联合国秘书长潘基文在主持会议时公布的措辞强烈的第四份气候变化评估报告，发出了更加具体的警告："世界正处于重大灾难的边缘"，"南极冰盖融化可能导致水平面上升 6 米，淹没一些沿海城市，包括纽约、孟买和上海"，"它可能不会在 100 年后才发生，或者说它很可能会在 10 年后才发生。"它可能是突然间就会发生，几乎是一觉醒来，这些城市就不见了。随后，英国《星期日先驱报》说，这是对全世界发出的一个"警醒号"，如果我们不能减慢全球变暖的速度，那么我们将被"吞噬掉"。气候变化比我们担心的要"更加确定、更加快速、更加危险"。《印度斯坦时报》则更是耸人听闻："世界末日离人类不远了。""人类社会正经历一场前所未有的气候陷阱。"到了 2007 年 11 月 28 日，联合国开发计划署在北京发布《人类发展报告》称，气候变化可能导致人类发展出现史无前例的倒退。如果人类社会再不采取行动，那么各种天灾接踵而至是必然的，人类发展也将遭受致命性打击。

"气候变化"让人类面临着前所未有的严峻挑战，洪水、干旱等自然灾害越发频繁，全球海平面的不断上涨，已经对未来经济社会的可持续发展带来了极大的危险。2009 年 12 月 7 日至 18 日，联合国气候变化大会在丹麦首都哥本哈根举行，192 个国家商讨如何应对全球气候变暖等世界性难题，以达成一个解决碳排放及对气候影响的公约。但是哥本哈根气候变化大会最终以尴尬收场，经过马拉松式的艰难谈判，大会最终达成一份不具法律约束力的《哥本哈根协议》。这份仅仅被"记录在案"的文件，被苏丹代表斥为"自杀协议"。更有评论认为，哥本哈根会议反映了领导力、同情心和远见的破产。

可持续发展理论，可以用一句通俗的话来概括：前途是光明的，道路是曲折的。而在当今世界范围内，可持续发展的困境主要有以下原因：

第一，经济贫困与生态环境破坏的恶性循环是可持续发展的宿敌。从某种意义上说，贫困问题是一个生态环境问题。首先，一般来说贫困的发生程度与生态环境状况存在着某种极为密切的关系，相关的研究资料表明，最为贫困的人口生活在世界上环境破坏最为严重的地区。其次，贫穷能进一步加剧环境的恶化。由于贫穷与落后，使得人们的观念陈旧，生产方式落后，往往是人们为了生存而肆无忌惮地向自然索取，从而也导致了人口与资源环境之间的深刻矛盾。穷人比富人更依赖于自然资源，如果没有可能得到其他的替代资源，或许会更快地消耗自然资源，同时穷人的自然资源利用效率低下也加速了自然资源的快速耗尽。由此可见，恶劣的生态环境是导致贫穷的主要原因之一，而生态环境的恶化又反过来进一步加剧了贫穷，加剧了的贫穷再反过来加重生态环境的负担，这就陷入了一种恶性的循环。这同时也说明，经济发展是可持续发展的基点，离开了经济发展就无从谈起可持续发展。

第二，传统的发展观是造成可持续发展困境的实践原因。传统的粗放式经济增长方式和追求豪华与奢侈的生活方式，已经造成环境的严重污染和生态的严重破坏。这已经充分地说明，人们传统的生产和消费方式都具有一定的反生态的破坏性。第二次世界大战至今，人类的消费行为总体上有两个特征：首先是具有挥霍性。这种消费方式往往追求一次性的消费，而生产力发展程度越高，消费中的这种一次性的表现就越突出。其次是具有享乐性。消费享乐主义似乎已经成为一种大众的文化，其基本特点是以毫无顾忌、毫无节制地占有和消耗自然资源与物质财富为荣，把物质生活的追求和消费看作是人生的最高目标、终极价值和幸福的归宿。

第三，国际社会的难协调、不统一是阻碍可持续发展的体制原因。人类目前有 60 多亿的人口，但是尽管这 60 多亿的人共同居住在同一个星球上，但是被分割在不同的国家和地区，具有不同的文化背景和宗教信仰，也因此代表着不同的利益。在当今的国际社会上，当某个国家的利益和全人类的利益发生矛盾时，人们往往是把自己国家的利益置于全人类利益之上，或者是为了自己国家的利益而牺牲了人类的利益或者其他国家的利益。在这样一种分裂（主要是精神分裂）的世界上，这样一个各自为政甚至自我利益最大化的国际社会，要想在具有全球性的环境问题上取得成功，要想顺利地推进生态文明，从而实现全人类的可持续发展，显然是困难重重。

第五节　绿色发展理论

绿色，代表生命，象征着希望和活力，是生命世界有机能量的来源；绿色，代表源泉和根基，是 21 世纪人类文明新形态的基础；绿色，代表和谐，是健康发展的本质内核。绿色发展理论，在中国和平崛起的 21 世纪，必将为中国的生态文明建设提供强有力的理论支持和战略指导，不断促进中国经济社会科学发展、全面发展、协调发展和可持续发展，促进中国的和谐社会建设进程。

绿色以其巨大的势能成为当今发展的风向标，发展的主题定位于以绿色为基调的发展。所谓绿色发展是指国家的生理代谢、运行机制和行为方式等建立在遵循自然规律、有利于保护生态环境的基础之上；国家经济社会发展要与生态环境容量相适应，不以损害和降低生态环境的承载能力、危害和牺牲人类健康幸福为代价；追求经济、社会与生态环境协调可持续发展，以实现生产、生活与生态三者互动和谐、共生共赢为目标。

绿色发展不仅是一场价值观的革命，更是一场思维方式的革命。2002 年联合国开发计划署发表的《2002 中国人类发展报告：绿色发展，必选之行》中，首次提出中国应当选择绿色发展之路，这不同于长期以来实行"增长优先"的传统发展模式。中国科学院—清华大学国情研究中心主任胡鞍钢认为，绿色发展就是强调经济发展与环境保护的统一和协调，即更加积极的、以人为本的可持续发展之路。绿色发展注重社会、经济、文化、资源、环境、生活等各方面协调发展，其宗旨是既能相对满足当代人的需求，又不能对后代人的发展构成危害，并且要求这些方面的各项指标组成的向量的变化呈现单调增态势，至少其总的变化趋势不是单调减态势。从"黑色发展"到"绿色发展"的尽快转型是中国的根本出路。[1]

"绿色程度"可以用来表示对环境和发展问题的不同思考，其中浅绿色的观念是 20 世纪六七十年代第一次环境运动的基调，它建立在环境与发展分离的思想基础上；而深绿色的观念则是 20 世纪 90 年代以来以可持续发展为标志的绿色新思想，它要求将环境与发展进行整合性思考，是真正能够促进跨越式发展的绿色发展思想。从"浅绿"到"深绿"的转变，是绿色发展思潮的成功演进，标志着真正的绿色发展时代的到来。从国家绿色发展的角度来看，我们可以把国家发展分为 3 个阶段。[2]

第一阶段称之为"黄色发展"阶段。这一发展阶段主要体现为农业文明，人类活动以农业生产为主，工业化程度很低，对自然的利用程度不高，污染物

---

[1] 牛文元.中国科学发展报告（2010）[R].北京：科学出版社，2010：23.
[2] 牛文元.中国科学发展报告（2010）[R].北京：科学出版社，2010：24.

的排放强度较低，相应地对自然和生态的破坏程度较低。这一时期的能源消费主要以可再生能源为主。虽然这一阶段呈现出比较高的绿色发展指数，但人类发展水平很低，国家环境治理能力较差，随着国家经济发展，国家绿色发展指数迅速下降。该阶段不是人类追求的、真正的绿色发展阶段。[①]

第二阶段称之为"黑色发展"阶段。这一发展阶段主要以工业为主，大量消耗化石能源，如石油、煤炭等。在这一阶段，人类发展取得了很大成就，但同时也付出了资源大量消耗和环境严重污染的巨大代价，人与自然的不和谐程度不断加深，当前大多数国家都处于这一阶段。"黑色发展"阶段内含"工业化"和"后工业化"两个阶段。正处于工业化阶段的国家，如中国、印度等，对化石能源的需求增长旺盛，资源环境压力有不断增大的趋势，国家绿色发展指数还有进一步下降的趋势；处于后工业化时期的国家，如美国、英国等发达国家，已基本完成了工业化过程，虽然经济发展水平不断提高，环境治理能力也较强，但是从总体上看，国家发展理念仍停留在"黑色发展"阶段，国家绿色发展指数没有随着 GNP 的提高而实现稳步提高。[②]

第三阶段称之为"绿色发展"阶段。该阶段具有相对理想的绿色发展基本模式，国家经济社会发展模式发生了根本性变革，基本具备"绿色国家"的核心特征。从国家环境代谢量的微观指标层面看，国民人均废水废气等污染物排放总量低，对资源利用率大大提高，能源利用结构不断改善，以可再生能源为主，环境治理力度加大，国家污染物排放总量控制在国家环境自净能力的范围之内，接近或达到"零排放"或"零污染"的理想环境效率区间。从国家生态环境的宏观表征层面看，随着国家的财富增长，环境质量获得持续改善，人均享受生态服务价值获得增值，基本实现生产、生活与生态三者互动和谐、共生共赢，经济社会环境可持续发展。[③]

绿色发展既是一种新的发展观，又是崭新的道德观和文明观。绿色发展所体现的是生态文明和绿色文明，它既反对人类中心主义，又反对自然中心主义，是以人类社会与自然界相互作用、保持动态平衡为中心，强调人与自然的整体、和谐双赢式的发展。它体现的是尊重自然、师法自然、保护自然，与之和谐相处，积极地肩负起自己的责任，自觉地调整人类自身的行为，力求正确认识和运用自然规律，通过相互依赖、互惠互补，与自然界和谐相处、协调发

① 牛文元. 中国科学发展报告 (2010) [R]. 北京：科学出版社，2010：25.
② 牛文元. 中国科学发展报告 (2010) [R]. 北京：科学出版社，2010：25.
③ 牛文元. 中国科学发展报告 (2010) [R]. 北京：科学出版社，2010：25.

展的可持续发展观念。绿色文明更关心财富的使用，注重如何悠闲地使用财富带来更大的幸福，而不是获得最大限度的财富；更关注内在的心性满足，而非是对社会资源的占有；倡导回归大自然，赞颂简朴，号召人们用心灵去贴近大自然，热爱大自然，与自然融为一体，防止因为对物质财富的国度占有和消费而加剧自然资源的枯竭以及道德的忽视。①

绿色发展模式与科学发展观是一脉相承、相辅相成的，它将是支撑中国崛起的发展模式，应被视为新一代发展战略的核心。科学发展观以人为本，要求以统筹兼顾的根本方法实现全面协调可持续发展，这要求我们既要通过发展增加社会物质财富、不断地改善人民生活，又要通过发展保障社会公平正义、不断地促进社会和谐，积极促进绿色发展。当今世界发展的核心是人类发展，人类发展的主题是绿色发展，实现绿色发展是贯彻落实科学发展观的必然要求。②

---

① 牛文元. 中国科学发展报告（2010）[R]. 北京：科学出版社，2010：25～26.
② 牛文元. 中国科学发展报告（2010）[R]. 北京：科学出版社，2010：23.

第五章 中国生态文明建设的技术支撑

人类进入近代社会特别是 20 世纪以来，科学技术的发展突飞猛进，在各方面都取得了前所未有的成就。面对现实和未来的双重挑战，人们继续向科学技术求救。在一系列的科学技术成果中，包含着一系列的绿色技术、循环经济技术、低碳技术等，为人类迈向全新的生态文明创造了可能。我国进行生态文明建设的实践，也必须依靠强大的现代科学技术为支撑，既注重开源技术，又注重节流技术，才能快速实现生态文明。

第一节　洁净煤技术

随着经济全球化、世界一体化和贸易自由一体化，化石燃料的不可再生性以及传统的化石燃料所引发的日益恶化的地球生态恶化与环境严重污染等问题日益凸显，世界各国在加强能源的科技创新、积极寻求替代能源技术的同时，也在大力发展传统的化石能源的清洁利用，而煤的清洁利用技术是一项重要的内容。在可以预计的未来，核能、氢能、太阳能以及可再生能源相关技术必然会有突破性的发展，并最终成为主要的能源，在目前的世界范围内，各个国家为了适应各自的能源政策以及开拓国际市场的需要，都在不遗余力地投入巨大的资金和人力资源积极发展洁净煤技术。

1975 年，在国际能源署资助下，通过成员国的合作，正式成立国际能源署洁净煤中心（IEA－CCC）。IEA－CCC 的主要工作是向该中心的成员和准成员提供世界煤炭可持续利用全方位的技术相关信息，主要包括煤炭生产、供应、运输、市场、利用，以及洁净煤技术、环境保护技术、废弃物利用技术等相关技术和信息评价的服务。[①] IEA－CCC 还通过其网站提供世界最新的能源

---

① 中国科学技术信息研究所. 能源技术领域分析报告（2008）[R]. 北京：科学技术文献出版社，2008：24.

领域相关信息，以期望促进发展中国家与发达国家之间的相关合作。

20 世纪 80 年代初，美国和加拿大为了解决两国边境酸雨问题而进行谈判，此后，洁净煤技术便在美国得到高度重视。此后，美国政府便投入了大量的人力物力和财力进行洁净煤技术的相关研究和探讨，这也使得美国成为最早进行洁净煤技术开发研究和应用的国家之一。

1984 年 10 月，美国政府在世界范围内率先提出了"美国洁净煤技术示范计划"，这一项目的主要目标是开发新一代的用煤技术。1986 年，美国开始实施"美国洁净煤技术示范计划"，先后经过了 5 轮项目征询和优选，共有 60 个项目入选。其中第一轮洁净煤项目征集（CCTDP-I）在 1986 年 2 月启动，其主要项目有四个方向：环境控制装置、先进的发电技术、煤加工合成燃烧技术和工业应用技术；第二轮洁净煤项目征集（CCTDP-II）在 1988 年 2 月启动，其目标是对能够实现大幅度减少酸雨即 SO_2 和 NO_x 排放的技术进行示范；第三轮洁净煤项目征集（CCTDP-III）在 1989 年 5 月启动，除了延续 CCTDP-II 的目标外，还增加了对能够利用原煤生产合成洁净燃料的技术优选；第四轮洁净煤项目征集（CCTDP-IV）于 1991 年 1 月启动，主要面向那些能够改进、扩展或替代现有设施，同时能够减少 SO_2 和 NO_x 排放的具有能源效益和经济竞争力的技术；第五轮洁净煤项目征集（CCTDP-V）于 1992 年 7 月启动，主要结合当时诸如全球气候变化和 SO_2 排放等环境问题，集中于在适用于新建或现有设施，且能够提高发电效率和改善环境效益的高效、经济和低污染的煤基技术。[①]

为了进一步增强美国能源安全性，促进经济的增长及环境的可持续发展，在 CCTDP-I～CCTDP-V 的基础上，美国前总统布什于 2001 年按照 CCTDP 的模式，推出了电站改进计划 PPII，于 2002 年提出了新一轮洁净煤发电计划（CCPI）。同 CCTDP 和 PPII 的运作模式类似，2002 年 3 月推出第一轮洁净煤电力项目征集 CCPI-I。CCPI 计划第二轮示范的技术 CCPI-II 2004 年 10 月确立了 4 个项目，主要包括提高电厂效率、可靠性、环境性能的煤气化系统，鼓励可减少 CO_2 排放的新技术。

美国能源部在 1999 年推出的"Vision21 计划"，又称为"21 世纪能源工厂计划"，是继美国洁净煤技术示范计划（CCTDP）之后的一项新的大型能源发展和利用计划。Vision21 计划由政府、产业界和科技界共同研究开发，得到美国总统科技顾问委员会的赞同和 11 个国家实验室的支持。其基本特征是建

---

① 中国科学技术信息研究所. 能源技术领域分析报告（2008）[R]. 北京：科学技术文献出版社，2008：25.

立以化石燃料为基础的综合能源工厂，可用多种原料联产多种产品以满足 2010—2015 年市场的需求，最终目标是通过效率最大化及污染物的 CO_2 零排放来最大限度地降低因使用化石能源而带来的环境污染。Vision21 计划一旦获得成功，能源将与社会、经济和环境基础设施融为一体。

美国前总统布什于 2003 年 2 月 27 日宣布，投资 10 亿美元用 10 年的时间来设计、建造和运行一座燃煤零排放示范电厂——Future Gen。该工厂将会成为世界上第一个以煤为原料生产电力和氢能产品并同时实现空气污染物和 CO_2 零排放的能源工厂。Future Gen 技术体系主要包括：先进气化技术、气体净化技术、膜分离技术、碳封存技术、氢气透平技术、燃料电池、燃料电池/燃气轮机联合循环、先进燃烧技术、副产品利用技术、先进材料技术、仪器监测及控制技术等。Future Gen 项目的成功将开创由煤炭向氢能转变及碳处理技术的新局面。[①]

2005 年 8 月，美国前总统布什签署了《2005 年国家能源政策法案》。按照新能源法的要求，政府将继续支持煤炭清洁利用技术的技术研发，今后 10 年，美国政府将拿出 100 多亿美元加强其能源基础设施建设，其中用于煤炭清洁燃烧技术的研发就多达 20 亿美元。2006 年，美国财政预算支持化石能源办公室完成为期 10 年、耗资 20 多亿美元的洁净煤计划，先是把化石能源预算中的 2.86 亿美元用于"煤炭研究计划"，用于支持煤炭研究计划中低成本、高效率污染控制技术的发展，实现"净空计划"目标；0.5 亿美元用来发展洁净煤示范项目，扩展国内减少温室气体的其他技术选择，提高电站效率和捕获或者隔离大气层中的温室气体，及"全球气候变暖计划"；0.18 亿美元用作"未来电力计划"——建立世界上第一个煤基零排放氢能发电站，通过"石油战略储备"等计划和从煤炭中产生氢能来支持、促进"氢能经济"发展。[②]

欧盟制定的"兆卡计划"，旨在促进欧洲能源利用新技术的开发，减少对石油的依赖和煤炭利用造成的环境污染，确保经济持续发展。其主要目标是减少 CO_2 和其他温室气体排放，使燃煤发电更加清洁，即通过提高效率来减少煤炭消费。2004 年，欧盟在其"第六个框架计划"中，启动了名为 HYPO-GEN 的计划，其目标是开发以煤气化为基础的发电、制氢、为氧化碳分离和处理的煤基发电系统，实现煤炭发电的近零排放。2004 年，欧盟能源政策绿

---

① 中国科学技术信息研究所. 能源技术领域分析报告（2008）[R]. 北京：科学技术文献出版社，2008：26.
② 中国科学技术信息研究所. 能源技术领域分析报告（2008）[R]. 北京：科学技术文献出版社，2008：27.

皮书中强调，碳捕获技术、地质储藏与化石燃料技术相结合，是降低温室气体排放的重要途径之一。其中，"第七个框架计划"指出，对于能源问题，没有单一的解决方案，而是需要开发利用各种技术来应对，包括可再生能源技术、清洁煤与碳捕获、碳封存及其工业化，以及环境友好的能源等。[①]

日本的煤炭洁净技术主要包括高煤炭利用技术、如 IGCC、CFBC 和 PFBC 等；脱硫技术、脱氮技术，如先进的煤炭洗选技术、先进的煤烟处理技术、先进的焦炭生产技术等；煤炭转化技术，如直接液化、加氢气化、煤气化联合燃料电池和煤的热解等；煤粉的有效利用等。1995 年，日本在新能源综合开发机构内组建了一个"洁净煤技术中心"，专门负责开发面向 21 世纪的煤炭利用技术。总的来说，日本的洁净煤技术开发从内容上可以划分为两个部分：一个是提高热效率，降低废气排放，如流化床燃烧、煤气化联合循环发电及煤气化燃料电池联合发电技术等。二是进行煤炭燃烧前后净化，包括燃前处理、燃烧过程中及燃后烟道气的脱硫脱氮，以及煤炭的有效利用等。2004 年，日本在"煤炭清洁能源循环体系"中，提出了以煤炭气化为核心，同时产生电力、氢和液体燃料等多种产品，并对二氧化碳进行分离和封存的煤基能源系统，并在"面向 2030 年的新日本煤炭政策"中明确将此技术作为未来煤基近零排放的战略技术，以实现循环型社会和氢能经济的产业技术。[②]

洁净煤技术在我国经济社会发展和环境保护等方面都具有非常重要的作用。煤炭是我国的主要能源，虽然随着石油、天然气和水能开发量的不断增加，煤炭在能源结构中的比例有所减少，但其主要地位在短期内仍然难以改变，因此，洁净煤技术对于我国经济社会的健康发展和生态环境保护十分重要。在洁净煤技术研究领域，我国的水煤浆技术、煤液化技术和洁净煤发电技术总体相对落后，特别是与美国等发达国家之间还有相当大的差距。

第二节　高效节能技术

早在 20 世纪 80 年代，我国政府就制定了"开发与节约并重、近期把节约放在优先地位"的能源发展与利用战略方针，这也是缓解我国经济社会发展和

①　中国科学技术信息研究所.能源技术领域分析报告（2008）［R］.北京：科学技术文献出版社，2008：28.
②　中国科学技术信息研究所.能源技术领域分析报告（2008）［R］.北京：科学技术文献出版社，2008：29.

资源压力的现实选择。在此背景下，依靠技术进步特别的现代高技术发展高效节能新技术是实现降低能耗的重要途径。

《中国节能技术政策大纲（2006 年）》对节能技术进行了界定：节能技术是指提高能源开发利用效率和效益，减少对生态环境的负面影响，遏制能源资源浪费的相关技术。随着现代科学技术的不断发展，各种节能技术也不断地涌现，而在这些技术中主要包括以下几方面。

一、红外加热技术

现代科学研究表明，采用红外辐射加热特别是远红外辐射加热的方法，与其他加热方法相比具有可以缩短加热升温时间，控制辐射通量的分布等优点。例如，传统加热方式甚至是传统红外加热需要 20 分钟，而固化高红外仅需要 30 秒。与传统加热技术相比较而言，高红外技术的固化效率可以提高 2～40 倍，占地面积可以减少 90％，炉体长度可以缩短 90％，综合节能甚至可以超过 50％，而设备的造价仅仅为传统固化炉的 75％。[①]

红外辐射技术是在 19 世纪被人类所掌握的。到 20 世纪 30 年代，美国福特汽车公司第一次把红外辐射技术应用于汽车涂漆的烘干工艺上，而真正广泛应用红外辐射技术是在第二次世界大战期间；20 世纪 50 年代，美国开始用红外灯具烘干汽车的油漆；20 世纪 60 年代，苏联大力发展了红外加热技术的相关研究和应用；20 世纪 70 年代，日本开展红外加热技术的相关研究，并使得红外加热技术在全世界范围内迅速成为一个新兴的科研领域。

20 世纪 60 年代，我国开始了红外灯烤和碳化硅陶瓷远红外线的相关研究。在 20 世纪 80 年代，中国科技工作者根据匹配辐射能理论，研制出 SHQ 乳白石英管、镀金石英管、微晶玻璃灯等新型的远红外线元件，这些元件能使得电能转换效率在 60％～65％之间，且达到 600℃～750℃的加热区。20 世纪 90 年代中期，远红外线定向辐射器研制成功，使得电能辐射转换效率提高到 78％左右，法向发射率大于 92％，热响应时间小于 2 分钟。2005 年，中国工程物理研究院在远红外自由电子激光研究领域取得重大突破。[②]

经过全世界红外科研工作者们的不断努力，红外辐射技术的不断深入发展，远红外加热技术已经日趋成熟，红外辐射已经广泛应用于工农业生产、军

---

① 中国科学技术信息研究所.能源技术领域分析报告（2008）[R].北京：科学技术文献出版社，2008：3.
② 中国科学技术信息研究所.能源技术领域分析报告（2008）[R].北京：科学技术文献出版社，2008：2.

事和各种科研领域，为加热干燥、探测、检测以及分析提供了新的手段，同时也进一步提高了电能到热能的转化效率。与此同时，要想在远红外辐射加热技术领域取得进一步的成绩，我们还有一些工作要做，比如最佳光谱辐射与吸收匹配、提高热辐射的传输效率以及提高热辐射的最佳综合效益等方面。

二、微波加热技术

1936 年，波导传输实验在美国取得成功，随后微波技术便在通信、广播和电视领域中得到广泛的应用。而人们在使用微波的过程中发现：微波会引起热效应，于是在全球范围内掀起了对微波加热技术进行研究和应用的热潮。1945 年，美国人 Spencer. P. L. 申请了微波加热领域内的第一个专利。1955 年，美国泰潘公司向市场推出了世界上第一台微波炉。由此，国外对微波能应用的研究和应用得到重视。1966 年，加拿大的阿尔伯泰城设立了国际微波功率学会，每年举行一次学术研讨会，并定期出版季刊《微波功率杂志》；20 世纪 60 年代，Tinga W. R. 首先提出了陶瓷材料的微波烧结；20 世纪 70 年代中期，法国的 Badot 和 Berteand 开始对微波烧结技术进行系统的研究；20 世纪 80 年代以后，各种高性能的陶瓷和金属材料得到广泛应用；20 世纪 90 年代后期，微波炉已经进入产业化阶段，美国、德国、加拿大等发达国家已经开始小批量生产陶瓷产品，美国主要针对硬质合金已经具有产生微波连续烧结设备的能力。[①]

我国在 20 世纪 70 年代开始微波能应用相关研究工作，1973 年开始微波加热应用技术的研究和微波加热用磁控管的研制。1988 年我国将微波烧结技术纳入"863"计划，主要探索和研究了微波理论、微波烧结装置系统优化设计和材料烧结工艺、材料介电参数测试、材料与微波交互作用机制以及电磁场和温度场计算机数值模拟等，烧结了许多不同类型的材料。

科学研究已经表明：使用微波加热时的加热效果，包括物料温升速度、加热力度和总加热时间长短都与常规的热传导加热方法有极大的区别，而且微波加热具有很多的优点，是其他常规加热方式所无法比拟的。物料吸收微波能量的转化率高达 95％ 以上，而常规的蒸汽加热仅为 15％，红外加热也不过为 50％，与此同时，微波加热不仅节能而且高效环保，不污染环境。[②]

---

① 中国科学技术信息研究所. 能源技术领域分析报告（2008）[R]. 北京：科学技术文献出版社，2008：5.
② 中国科学技术信息研究所. 能源技术领域分析报告（2008）[R]. 北京：科学技术文献出版社，2008：6.

随着经济社会的不断发展，微波加热技术几乎涉及国民经济的各个部门，广泛应用于国民生产和人民的日常生活中。作为一项新技术，微波加热具有许多其他方法无法比拟的优点，毫无疑问将会得到大力的推广和应用。但我们也应该看到，微波加热作为一项新技术新方法，人类对其研究还不够深入，在应用过程中也发现了一些缺陷和不足之处。如以微波干燥为例，其所用能源为高价位的电能，相比之下成本较高；若单独用微波干燥物料，若控制不当，容易使物料内产生过快的温升和很高的温度，从而导致物料内部产生炸裂甚至出现烧焦现象。20 世纪 90 年代以来，由于电子技术的飞速发展，微波加热也逐渐成熟，微波加热设备也逐渐精良。电力供应的改善加上微波加热设备成本的下降，全球生态环境的不断恶化，使得人们逐渐认识到传统加热方式已经不再是环保的选择方式，这些条件都为微波加热的应用和发展提供了良好的契机和广阔的发展前景。与此同时，微波加热技术的进一步成熟也为人们的环保和低碳生活方式提供了新的选择。

三、电磁感应加热技术

1831 年，英国著名物理学家法拉第发现了电磁感应现象，奠定了电磁感应加热的科学基础。19 世纪末，Foucault，Heaviside 以及 Thomson 等人对于涡流理论和能量由线圈向铁芯传输的原理进行了系统的研究，并逐步建立了电磁感应加热的理论基础。20 世纪初，法国、意大利和瑞典等国开始研究使用电磁感应加热技术。1916 年，美国人 J. R. Wyatt 发明了"潜沟式"有心电磁感应炉；1921 年，美国人 E. F. Northrup 发明了无心电磁感应炉。

我国电磁感应加热在工业上的应用起步于 20 世纪 50 年代初，当时的技术绝大部分来自于苏联，少部分来自于捷克、比利时等国。20 世纪 50 年代末，我国自行研制出电子管式高频电源与机械式中频发电机，电磁感应熔炼、电磁感应透热等相继在工业上得到应用。目前，国产电磁炉等电磁加热器件也已经达到世界先进水平。

科学实验表明，传统的煤气炉加热效率一般在 40％左右，而直接利用电流通过电阻产生的热量加热，其加热效率在 50％～55％之间，而电磁感应加热可以使得加热效率达到 80％以上[①]。同时，电磁感应加热与红外加热、微波加热一样，具有高效环保等明显的"绿色"特征，无论是在工业应用还是在日

---

① 中国科学技术信息研究所. 能源技术领域分析报告（2008）[R]. 北京：科学技术文献出版社，2008：8.

常生活中，都已经为人们所熟悉和应用。我们有足够的理由相信：随着电磁感应技术的不断发展和逐步完善，电磁感应加热技术由于其低能耗、高效率和低污染的"绿色"特征，必将在 21 世纪获得长足的发展。

四、纳米节能技术

纳米技术诞生于 20 世纪 70 年代初，是在微电子技术基础上发展起来的一门新的学科。1974 年，日本科学家谷口纪男首先创造了"纳米技术"一词，用以表示公差小于 1 微米的机械加工，也使得纳米技术真正成为一种独立的技术登上历史的舞台。

1981 年，IBM 公司苏黎世实验室的科研人员第一次在真实空间观察到了单原子分子；1990 年的第一届纳米科学技术大会以后，便在全世界范围内掀起了研究纳米技术的热潮；1991 年，日本筑波 NEC 基础研究实验室的科研人员通过电子显微镜首先发现了碳纳米管；1993 年饭岛和 IBM 公司科技人员制成了仅由一层碳原子构成的单层纳米管。碳纳米管用途广泛，其中最有价值的应当是奇特的电子学性能的开发与应用。许多科研人员认为，微小器件中数十纳米或更小尺寸的导线和功能器件可由纳米管制备，由此组成比目前使用的电路速度更快、尺寸更小、能耗更低的电路。1993 年，国际纳米科学技术指导委员会建议把纳米科学技术分为纳米物理学、纳米化学、纳米生物学、纳米电子学、纳米加工学和纳米计量学等六个分支学科。①

1988 年，法国科学家首先发现了巨磁电阻效应；1995 年，莱斯大学的一个研究小组宣布，将一根碳纳米管竖立着并充电时，纳米管就像避雷针，电场集中在末端；1997 年，以巨磁电阻原理为基础的纳米结构元器件在美国问世，随后便广泛应用于磁存储、磁记忆和计算机读写磁头等；1997 年阿拉巴马大学和耶鲁大学的科研人员首次制造出由分子制成的器件——单向电流阀；1998 年荷兰 Delft 理工大学的科研人员用碳纳米管制造出第一只晶体管；1999 年，加州大学洛杉矶分校科研小组研制出了一个原始的开关。到 2000 年年底，全世界的科研人员已经研制出了各种各样的分子元件，为分子电路和纳米计算机的问世做好了准备。

人类进入 21 世纪以后，纳米技术不断取得新的突破，与能源相关的纳米技术也不断涌现。2005 年，日本 NEC 旗下的两个研究部门联合称，他们开发

---

① 中国科学技术信息研究所. 能源技术领域分析报告（2008）[R]. 北京：科学技术文献出版社，2008：15.

出了利用 high-k 和 body-biasing 方案，面向移动设备的电池节能新技术，可以使得芯片的电能消耗降低到目前能耗的 1/30，这就意味着移动设备的电池可以持续当前 10 倍以上的时间。该工艺同时使用了 65 纳米和 45 纳米的技能工艺技术，也是 NEC："最终低能耗"策略的一个环节。NEC 集团目前使用的 high-k 和 body-biasing 方案节能技术，已经推动了整个维持功耗电池的研发进程。

2007 年，美国在纳米技能技术方面获得较大突破。首先是美国国家可再生能源实验室宣布，他们利用纳米技术同轴电缆技术研制出性能得到大幅提高的高性能太阳能电池。其次，美国田纳西州橡树岭国家实验室的科学家研究认为，以纳米金属作为发动机的燃料，铁、铝、硼都可以作为新的替代能源。科学家计算表明，使用特制的发动机和同等体积的金属燃料，一辆轿车的行驶距离是普通汽油动力汽车的 3 倍。再次，美国佐治亚理工大学研制出一台纳米发电机。与传统技术相比，这种新型纳米发电机的优势十分明显，它不仅无毒，而且体积也非常小。最后，美国工业纳米科技公司和巴西石油和天然气公司开展有关近海岸原油输入管道防腐涂料的合作。美国纳米化学系统控股公司的研究表明，利用棕榈油生物柴油生产工艺的专利技术，投入纳米范围的钼，可从废弃副产物产生经纳米技术改进的、环境友好的油品和润滑剂，使得生物柴油生产成本降低 15％，从而使得生物柴油生产成本低于原油价格。

20 世纪 80 年代中期，中国政府开始重视纳米技术。国家"863""973"项目新材料专题也对纳米材料有关高科技创新的课题进行了相关的研究。2001 年"两会"通过的"十五"规划纲要也明确提出将发展纳米技术作为"十五"期间推动科技进步的一项重要任务。2003 年，中科院纳米科技中心、清华大学和北京大学联合发起并组建了国家纳米科学中心，重点开展纳米科学的基础理论基本方法等基础研究。2004 年，全世界唯一的一项 EPS 纳米燃油技术在北京远通公司诞生。经过 EPS 装置处理过的燃油完全成为纳米燃油，其物理化学较普通燃油发生了巨大的变化，成为一种更加有利于充分燃烧和大幅提高能源利用率的清洁燃料。而全面推广和使用这种新型燃料将会为全社会带来巨大的经济效益和社会效益。2006 年，中国科学院大连化学物理研究所研制出纳米型润滑油添加剂，经过试验证明：普通汽车使用普通润滑油时，百公里油耗为 8.5 升，在相同条件下，使用新技术产生的润滑油，百公里油耗为 7.5 升，减少 11％以上；普通润滑油的使用寿命为 5000～7000 千米，而新型的润滑油使用寿命可以达到 2 万千米；随着润滑油的更换频次减少，可以节省润滑油 60%；同时，新产品比普通润滑油的机械磨损量减少 43% 以上。2006 年，克拉玛依石油公司炼油化工研究院与北京化工大学联合研发的纳米高碱值磺酸钙润滑油清净剂的制备方法，碳酸化反应时间与传统的釜式法相比缩短一半，主要原材料的利用率提高 10%～15%，极大地提高了反映效率，同时降低了能源消耗。[①]

总之，纳米材料可以提供一种有效而清洁的储存氢能的方式；纳米材料也可以广泛应用于热能器件与设备上，达到节能的效果；纳米材料不仅可以提高能源转换效率，它本身也是高效的能源；利用纳米技术的燃料添加剂可以提高燃料的燃效，从而减少排放、改良燃烧与节能的效果。

第三节　水电开发利用技术

水电作为一种可再生能源，具有清洁、环保、持久、长久的优势，而且水电是开发技术最成熟的可再生能源，约占世界供电总量的 20%，为经济社会的发展做出了巨大的贡献。因此，水电作为人们应对能源短缺、温室效应与环境污染的重要选择之一，越来越受到世界各国的推崇。

水电作为世界上的主要能源之一，提供了全球大概 1/5 的电力，在可再生能源发电量中占 95%。相对于其他能源，33% 的水电经济可开发量得到开发，2/3 的经济可开发的水电资源仍待开发，发展中国家水电开发率还很低，尤其是在非洲一些国家，水电开发率不足 8%。[②] 而水电的价格却是非常便宜的，而且是可再生的和可持续的，从这个角度说，全世界范围内解决气候变化问题和可持续能源的开发问题，尤其是在经济转型的欠发达地区，水电开发都具有非常重要的意义。

现在世界水电的开发程度：欧洲是 72% 以上，瑞士达到 100%，中国开发率为 20% 左右，亚洲开发率为 23%，南美洲开发率为 25%，中北美洲为 70%。

由于自然地理位置的缘故，中国的水能资源极其丰富。但是我国水能资源的开发利用率较低，加上人口基数巨大的实际特点，使得我国的人均水资源严

---

① 中国科学技术信息研究所. 能源技术领域分析报告（2008）[R]. 北京：科学技术文献出版社，2008：15.

② 中国科学技术信息研究所. 能源技术领域分析报告 2008 [R]. 北京：科学技术文献出版社，2008：88.

重不足。由于我国纬度跨度比较大以及地形相对复杂等原因，加之东西部、南北方经济发展具有一定的差距，使得我国的水资源地区分布极端不平衡，水资源的开发和利用地区差异非常大。目前，中国正处于工业化和城镇化建设加快的阶段。由于长期以来的粗放的经济增长方式，中国经济在高速增长的同时，也付出了资源大量消耗、环境严重污染和生态严重破坏的惨痛代价，再加上我国水源污染严重和淡水资源的天然缺乏，使我国的水资源开发利用和水环境保护面临着非常严峻的挑战。因此，如何在现有的水资源和社会经济条件下，合理地利用好水资源，兴利除弊，促进社会经济可持续发展，是我国水资源开发和利用的战略性问题。

一、三峡大坝关键技术

三峡大坝工程是开发治理长江的关键性骨干工程，具有巨大的防洪、发电、通航、供水等综合效益。大坝距离下游葛洲坝水利枢纽 38km，控制流域面积 100 万 km²，年平均径流量 4510 亿 m³。设计正常蓄水位 175m，总库容 393 亿 m³，防洪库容 221.5 亿 m³。电站装机总容量 18200 兆瓦，年均发电量 846.8 亿千瓦时。

（一）大坝泄洪消能技术

由于三峡大坝是世界上最大的人工拦河项目，与之相对应的防洪泄洪能力同样要求特别高。大坝设计按千年一遇洪水流量 9.88 万 m³/s，相应挡水位 175 米；校核按万年一遇洪水加大 10% 洪水量 12.43 万 m³/s，相应挡水位 180.4 米。根据三峡水库防洪调度规划，要求枢纽在防洪限制水位 145 米具有下泄洪水量 5.76 万 m³/s 的能力；在水库水位 166.9 米时，具有下泄洪水量 7 万 m³/s 的能力；遇设计洪水和校核洪水时，按泄流能力敞泄，要求枢纽在校核洪水时具有 10 万 m³/s 以上的能力。为此，大坝泄洪设施需要布置深孔以满足低水位时的泄洪要求并设计表孔满足设计洪水和校核洪水泄洪要求。从水库排沙考虑，要求深孔进口高程低于电站进口高程。综合分析防洪、排沙、工程防护、厂前排漂等因素，大坝泄洪设施采用深孔和表孔相间布置方案。[①]

（二）大坝混凝土高强度施工及温控防裂技术

三峡工程混凝土总量达到 2794 万 m³，其中，大坝混凝土量为 1601 万

---

① 中国科学技术信息研究所.能源技术领域分析报告（2008）[R].北京：科学技术文献出版社，2008：93.

m^3。初步设计最高年浇筑强度 410 万 m^3,最高月浇筑强度 46 万 m^3,均为当今世界之最。大坝孔洞多,结构复杂,坝块尺寸大,设计允许大坝基础混凝土最高温度较严,混凝土温控防裂难度大。混凝土施工强度年最高浇筑 542.85 万 m^3,月最高浇筑 55.35 万 m^3,创造了世界水利水电工程混凝土浇筑最高强度。三峡工程在总结葛洲坝工程生产 7℃ 预冷混凝土实践经验的基础上,世界首创在混凝土拌和系统采用二次风冷骨料新技术。制冷系统装机总容量达 77049 千瓦。为当今世界规模最大的低温混凝土生产系统。[①]

三峡工程大坝混凝土温度控制采用综合措施:优化混凝土配合比,提高其抗裂性能;控制坝块混凝土最高温度,混凝土配合比中减少水泥的用量,高温季节浇筑低温水泥,并设法减小温度回升;选用合理的分缝,限制坝块尺寸;采用合适的浇筑层及间歇期;混凝土收仓后加强养护;埋设冷却水管,通水冷却,降低坝体混凝土温度;加强混凝土表面保温,防止受气温骤变而产生裂缝。大坝混凝土施工中实施全过程温控防裂技术,采用的温差标准及综合防裂措施均达到或超过国内外先进水平,成功地解决了夏季大规模浇筑大坝基础防束区混凝土的难题,均未发现大坝混凝土产生基础贯穿裂缝。

(三) 大流量深水河道截流技术

三峡工程大江截留是修建二期上下游土石围堰关键性的第一道工序,其目的是截断长江主河道,迫使长江水流改道从导流明渠宣泄。大江截留设计流量 1.4 万~1.94 万 m^3/s,同时截流深度为 60 米,居世界截留工程之冠。1997 年 11 月 8 日,龙口顺利合龙。实测截流流量 1.16 万~8.48 万 m^3/s,最终落差 0.66 米,最大流速 4.22m/s,为世界截流施工之最。[②]

明渠截流是修建三期上、下游土石围堰关键性的第一道工序,其目的是截断导流明渠,迫使长江水流从大坝泄洪坝段导流底孔宣泄。明渠截流时设计截流量为 9010~1.03 万 m^3/s,截流落差 3.26~4.06m,截流水深 20~23m,其总截流量为当今截流工程之冠。2002 年 11 月 6 日顺利合龙,实测截流流量 8600~1.03 万 m^3/s,最大落差 1.73m,最大流速 6m/s。最终,长江三峡截流工程设计及其施工技术的研究与实践荣获 1999 年国家科学技术进步一等奖。

---

① 中国科学技术信息研究所.能源技术领域分析报告 (2008) [R].北京:科学技术文献出版社,2008:93.
② 中国科学技术信息研究所.能源技术领域分析报告 (2008) [R].北京:科学技术文献出版社,2008:94.

（四）深水土石围堰关键技术

三峡工程二期上下游土石围堰最大高度为 82.5 米，堰体施工最大深度为 60 米，属于典型的深水土石围堰。围堰基础地形地质条件复杂，上部为淤沙层，下部为砾卵石及残积块球体夹砾层，基岩面起伏比价大，而且表层岩体为较强的透水带，河床深槽左侧为高差 30 米，坡角度 80 度的陡岩。围堰型式为两侧石渣及块石体、中间风化砾及沙砾石堰体，塑性混凝土防渗墙上接土工合成材料防渗心墙。位于河床深槽部位堰体中间设两排防渗墙，两墙中心距离为 6 米，厚度为 1 米，墙底嵌入花岗岩弱风化岩石 1 米，其下接帐幕灌浆。围堰填筑方量达到 1032 万立方米，而且 80％的堰体为水下抛填，防渗墙面积达到 8.4 万平方米。再加上整个工程需要在汛期前完成，工期紧、强度高、施工难度大，为国内外已经建设的水利水电工程所罕见，这也是三峡工程设计建设过程中的重大技术难题之一。[①]

（五）碾压混凝土围堰关键技术

三峡工程三期碾压混凝土围堰与纵向围堰坝段及左大坝共挡 135 米水位达到蓄水库容 124 亿立方米。以保障双线五级船闸通航和左岸电站发电，同时与纵向混凝土围堰及下游土石围堰形成三期基坑，为右岸大坝及厂房创造干地施工条件。围堰于大坝平行分布，位于大坝轴线上游 114 米，围堰右侧与山体相接，左侧与纵向混凝土围堰相连，轴线全长 580 米。堰体为重力式，堰顶高程 140 米，顶部宽度 8 米，最大堰高 121 米，最大底宽度 92 米。上游面高程 70 米以下坡比为 1∶0.3，以上为垂直坡；下游面高程 130 米以上为垂直坡，130 米至 50 米高程为 1∶0.75 的边坡，其下面为平台。[②]

二、混流式水轮机技术

水轮机有混流式、轴流式、贯流式等几个种类。大型水轮机转轮叶片的工艺技术是表征水轮机制造技术达到当今世界先进水平的重要标志之一。转轮叶片是水轮机的关键部件，其制造精度对机组的效率等水力性能有直接的影响。叶片技术涉及多方面的高新技术，国外也仅有法国阿尔斯通、挪威维克瓦纳、加拿大 GE，德国的沃依滋、日本的日立公司等掌握此项制造成熟的工艺

---

① 中国科学技术信息研究所．能源技术领域分析报告（2008）［R］．北京：科学技术文献出版社，2008：94.
② 中国科学技术信息研究所．能源技术领域分析报告（2008）［R］．北京：科学技术文献出版社，2008：95.

技术。

我国三峡工程水轮机转轮直径接近 10 米，由于防洪的要求，机组运行水头从 61 米到 113 米，运行条件相当复杂，其中对水轮机性能参数的要求代表了当今世界的最高水平。国外多家知名发电设备厂家经过多年的发展和设计研究攻关，其开发设计的左岸转轮虽然效率达到了要求，但由于水头变化太大，压力脉动并不理想，外国专家也没有提出有效的解决办法。我国东方机电公司在消化外国技术的基础上，进行二次开发创新，创建了具有中国特色的集水轮机转轮水力设计、流态分析和性能预测于一体的水力发电系统，自主开发出比左岸机组性能更加优越的转轮核心技术。东方机电公司经过两年多的优化和改进，为锦屏一级电站自主开发出国际领先水平的水轮机，并通过了中国水利水电研究院水力机电研究所的相关实验以及用户的相关试验。改水力模型效率达到了 94.8%，而且空化性能水平优异，达到了国际先进水平。

通过科研攻关和技术改进，在技术引进、消化和吸收的基础上，我国大型水力发电设备制造企业和研究机构从科研设计、制造水平以及加工装备水平等方面都发生了质的飞跃。目前，中国的大型混流式水轮机技术方面已经达到世界先进水平。随着我国水电和水利事业的不断发展，大容量水电站的建设，我国水轮制造技术也已经实现了从无到有、从小到大，并逐步发展壮大，水轮机技术水平也在不断提高。我们有理由相信：这一技术的进一步发展和推广应用，必将为我国生态文明建设做出重要的贡献。

三、抽水蓄能机组技术

抽水蓄能的工作原理就是利用电网中符合低谷时的电力，把水从下面的水库或湖泊抽到位于高处的水库中，变为水的势能储存起来，带电网高峰负荷时，再放水到下面的水库，把水的势能转化为电能进行发电。抽水蓄能电站是利用水能发电的一个重要组成部分。由于存在输水、发电、抽水的损失，显然放水发电的能量将小于抽水用去的能量，两者的比值称为抽水蓄能电站的综合效率系数，其数值一般在 0.65~0.75 之间。抽水蓄能既保证了供电，又获得了调峰效益，还可以获得电网调频、调相、事故备用的辅助服务的功能和效益。

抽水蓄能电站诞生于 1882 年，发展于 20 世纪 50 年代，1960—1980 年期间是蓬勃发展时期。我国在 20 世纪 60 年代开始研究抽水蓄能技术。随着经济社会的不断发展，能源短缺，特别是电力紧缺的实际发展情况，已经严重地制约着我国经济的发展。一般来说，在用电低谷，由于需电量大幅减少，许多发电站不得不关闭发电机组，降低发电量。我国电力系统的容量不断增大，电力负荷谷峰差不断增大，这就迫切地需要抽水蓄能机组来削峰填谷。目前计划在2015 年抽水蓄能投产总容量为 3.5 万兆瓦，2020 年达到 5 万兆瓦。[①]

四、大坝安全监测技术

20 世纪 60 年代以来，一些著名的大坝先后失事、损失严重，人们对大坝监测的重要性认识便有了很大的提高。与此同时，电子技术和计算机技术的飞速发展，为监测仪器向遥控和自动化方向发展创造了有利的条件，大坝安全监测技术便应运而生。大坝安全监测技术是一门涉及水工结构、电子仪表、光学物理、统计数学等多种学科的新兴边缘技术学科。

20 世纪 70 年代以来，世界各国监测仪器和监测技术得到了很快的发展，大坝安全监控的理论和方法不断成熟，大坝安全监测和管理的自动化水平不断提高，相关技术也日趋完善，世界上一些大坝开始实现了无人值守，通过自动化采集装置对大坝安全监测仪器实施自动定时数据观测，通过已经建立的个性化监控模型进行监控指标数据的预测和预报，使得大坝安全监测在大坝安全管理中发挥得淋漓尽致。

我国大坝安全监测工作是从 20 世纪 60 年代开始的，当时的仪器为国产的弦式仪器和差动电阻式仪器产品。70 年代以后，随着科学技术的发展和安全监测人员的努力工作，监测仪器、安装设备技术与质量、资料分析以及观测结果的应用等都取得较大的进步。70 年代末成功研制了遥测垂线坐标仪，创造了用五芯测法实现差动电阻式仪器监测自动化的集中式测量装置。80 年代中期，研制成功差动电容式和进步式的遥测坐标仪和引张线仪，用于混凝土坝水平位移和挠度的监测。80 年代后期，利用静力水准原理测量垂直位移的遥测仪器也被研制出来，并在大坝监测中实际应用。90 年代初，为了提高大坝监测的自动化水平，研制成功能够接入变形、渗流和应力等多种监测项目的集中式数据采集系统以及在线或离线处理的监测数据管理分析系统，也有多个大坝安装了遥测仪器，实现了单项或多项监测项目的自动化。但是由于当时技术性能和设备质量还存在不足，系统故障率高，监测数据不可靠，大坝监测自动化率达不到实用化水平。90 年代中期，葛洲坝二江泄洪闸安装的分布式变形和

---

① 中国科学技术信息研究所. 能源技术领域分析报告（2008）[R]. 北京：科学技术文献出版社，2008：98.

应力应变监测系统通过了水利部的鉴定，揭开了采用国产分布式大坝监测系统实现大坝监测自动化的序幕，大坝监测自动化进入了实用化的阶段。进入90年代以后，大坝安全监测系统技术开始向多元化的方向发展，主要是监测资料处理分析自动化和采集自动化。总体来说。我国大坝安全检测技术已经取得了骄人的成绩，但对于水电大坝安全高效运行的需求来说，还有相当大的空间，尤其是近年来的一些巨大型的大坝相继建设和投入使用，给安全监测技术领域提出了很多的新课题，同时也表明我国在监测技术标准化和监测施工专业化发展方面还有很长的路要走。

五、小水电技术

小水电技术主要包括水能资源规划利用技术、小流域开发治理技术、建筑物设计施工技术、小型水轮发电机组研发和制造技术、水电站计算机监控技术、电网自动化调度技术及输配电技术等。其中流域规划技术发展迅速，流域规划技术包括小流域阶梯开发、龙头水库开发、高水头电站跨流域开发等。[①]小水电的水工建筑技术主要包括砼重力坝、砌石拱坝、小型砌石连拱支墩坝、砼拱坝、橡胶坝、砼面板堆石坝、土坝等挡水建筑技术，发电引水、跨流域引水等饮水建筑技术。

目前，世界范围内的小水电设备技术水平已经有了显著的提高，主要表现在水电设备开始由常规设备向微机型设备转型，自动控制系统进入计算机数字控制阶段。经济较发达地区已经采用了比较先进的调度自动化和变电站综合自动化系统，部分水电站和变电站都已经实现了无人值班的监控。另外，技术改造和节能技术在各地也已经普遍得到推广应用，一些小水电站通过采用置换高效率转轮、新型励磁装置等技术和装备，使得设备工作效率大幅度提高。

在我国，水电站优化运行及流域梯级优化调度得到很快的发展。梯级电站的梯调计算机监控系统采用分层分布式结构，和水情测报系统接口，能对上游降雨量、水库水位等水文信息自动接收，从而实现流域梯级电站优化调度；对于农村水电站，重视流域梯级滚动开发，梯级电厂按流域整体规划进行设计和建设；对电厂改造做出整体规划、总体设计；推广使用新型高效水轮发电机组；水电厂计算机监控系统逐步实现电厂经济运行，梯级电厂实现梯级优化调度等。

---

① 中国科学技术信息研究所. 能源技术领域分析报告（2008）[R]. 北京：科学技术文献出版社，2008：103.

我国小水电资源十分丰富，可开发量高达 1.28 亿千瓦，居世界第一位。[①]
这些小水电资源主要分布在中西部地区，其资源特点与我国可持续发展战略和
西部大开发战略十分一致，其资源分布与我国区域化经济社会发展战略相协
调。开发这些小水电资源，是实现农村电气化和推动农村经济发展和促进我国
特别是中西部农业现代化的重要途径。目前，全国小水电的发电量相当于每年
减少使用 4000 万吨标准煤，减少排放 1 亿吨二氧化碳，减少砍伐森林 13 万
公顷。[②]

在我国广大农村特别是中西部地区大力发展小水电，不仅可以解决广大农
村和乡镇的电力供应问题，而且在提高了经济效益的同时降低了碳排放，在改
善农业生产能源结构、促进农村经济发展、帮助农民脱贫致富、提高农民生活
质量、增加地方财政收入、保护广大农村自然生态环境等都有十分重要的
意义。

第四节 风能利用技术

风能是来自于大自然的清洁能源之一，其开发利用的潜力巨大。而且随着
风电技术的日益成熟，风能已经成为目前世界上最具发展前途的可再生能源之
一，同时也是世界上增长最迅速的能源之一。世界发达国家风电约占本国发电
总量的 3%～5%左右，其中德国最高占到 18%左右。加强风能相关技术的研
究与开发，无论是对于发展风能产业本身，还是缓解煤炭、石油、天然气等传
统能源的供应与二氧化碳等温室气体排放的压力，保障世界各国能源的可持续
发展都具有十分重要的意义。

一、风能基本特点

由于太阳对地球的辐射而造成地球表面受热不均匀，引起大气层中压力分
布不均匀，从而使得空气沿着水平方向运动，即空气的流动所形成的动能成为
风能。风能和其他能源相比较具有特别的优点和一定的缺点。

---

① 中国科学技术信息研究所. 能源技术领域分析报告（2008）［R］. 北京：科学技术文献出版社，2008：102.
② 中国科学技术信息研究所. 能源技术领域分析报告（2008）［R］. 北京：科学技术文献出版社，2008：103.

（一）风能的优点

第一，风能的蕴藏量较大。从根本上说，风能是太阳能的一种转换形式，是太阳辐射地球造成地球受热不均而引起空气运动而产生的能量。据 1954 年世界气象组织出版的相关技术报告对全球风能蕴藏量的估计：全球风能总蕴藏量为 3×10^{17} 千瓦，其中可利用的风能为 2×10^{10} 千瓦。我国风能资源总储量为 10^{10} 千瓦，而可以开发利用的风能储藏量为 2.53×10^8 千瓦。

第二，风能是一种无污染的绿色洁净能源。与太阳能、地热能和海洋能等"可再生能源"电力相比，风电居于首位，它是几乎没有污染的绿色能源；与燃煤火电相比，风电发电时几乎不产生消耗矿物资源和水资源，同样产生 1 千瓦时电能，风电可以节约标准煤 0.39 千克和水 3 千克，可以减少排放二氧化碳 0.27 千克、二氧化硫 0.0061 千克、二氧化氮 0.0045 千克、烟尘 0.0052 千克。

第三，风能是可再生能源。风能是依靠空气的流动而产生的能源，主要依赖太阳的存在。只要太阳存在，它就能不断地、有规律地形成气流，周而复始的产生风能，以供人类永续利用。

第四，风能分布广泛，可就地取材，无需运输。对于我国来说，由于地形复杂，山地、高原、海洋、岛屿、草原、湿地等地区地况特殊，缺乏煤炭、石油等传统的能源，且运输多有不便，而风能非常丰富，就可以就地利用风能发电，具有很大的优势，占据天时和地利的条件。

第五，风能的适应性强、发展潜力大。我国幅员辽阔，经纬度跨度都很大，在我国广阔的国土上可以利用的风力资源区域占全国国土面积的 76%，因此在我国，风能发电潜力巨大，前景广阔。

第六，风能投资相对较少。风电场与常规的水电厂比较，由于单机容量小，可以分散建设，也可以集中建设，几百千瓦到几十万千瓦都能开工建设，选择灵活多样，可以解决融资困难等问题。同时基础建设周期比较短，一般从签订设备采购合同到建成投产只需要一年时间，具有投产快、投资相对小、资金周转快的优点。

（二）风能的缺点

第一，风能的能量密度低。由于风能来源于空气的动力，而空气的密度比较小，因此风力的能量密度很小，只有水力的 1/816。

第二，风能具有不稳定性。由于地球表面天气状况时刻在变化，气流也就瞬息万变，风时有时无、风力时大时小，而且日、月、季、年都要很大的变化。

第三，风能的地区差异大。由于地形的起伏变化，以及经纬度的差异等因素，使得不同地方的风力差别非常大。两个邻近地区，由于地形、地势、地貌等差别，其往往风力可能相差几倍甚至几十倍。

总体来说，随着风电技术风日益成熟，风力发电已经成为目前最具发展前途的可再生能源。风力发电对于缓解一次能源供应、解决二氧化碳排放、保护自然生态环境以及推动地方经济发展、实现国家可持续发展战略等，都具有十分重要的意义。

二、风能技术概述

风能技术是一项综合技术，它涉及空气动力学、结构力学、气象学、机械工程、电气工程、控制技术、材料科学、环境科学等多个学科和多个领域。目前，风能的主要技术包括风力发电装备制造技术、风电机组并网运行技术、风电机组控制技术、海上风电场技术、风能与其他能源的互补系统、风电机组系统数字仿真技术等。

（一）风力发电装备制造技术

目前大型水平轴风力发电机主要有定桨失速型和变速变桨距型。变速变桨距型风电机组，从风轮到发电机的驱动方式又分为 3 种：一种是通过多级增速箱驱动双馈异步发电机，简称为双馈式。第二种是风轮直接驱动多级同步发电机，简称为直驱式。第三种是单机增速装置加多级同步发电机技术，简称为混合式。

大型风电机组的功率调节方式主要有失速调节和变桨距调节两种。失速调节是在转速基本不变的条件下，风速超过额定值以后，叶片发生失速，将输出功率限制在一定范围内。变桨距调节是沿桨叶的纵轴旋转叶片，控制风轮能量吸收，以保持一定的功率输出。

目前，市场上的失速型风电机组一般采用双绕组结构的异步发电机，双速运行。变速运行的风电机一般采用双馈异步发电机或多个同步发电机。变速运行风电机组通过调节发电机转速跟风速的变化，使得风力机的叶尖速比接近最佳，从而最大限度地利用风能，提高风力机的运行效率。

随着科学技术的不断进步，风电单机容量也逐渐上升。20 世纪 80 年代生产的旧式机组单机容量仅为 20～60 千瓦，而今天在风电市场上销售的商业化机组总量一般为 600～2500 千瓦。目前单机容量最大的风电机组是由德国生产的，容量为 5 兆瓦。

（二）风电机组并网运行技术

随着风力发电的快速发展，风力发电机组的设计水平也在不断提高，在大型风力发电机组的设计中，变桨距风力机因其在额定功率点以上输出功率平稳的优势逐渐取代了定桨距风力机。现代风力发电机组单机容量从最初的数十千瓦发展到了目前的兆瓦级机组；控制方式从单一的定桨距失速控制向全桨叶变距和变速恒频发展，预计在最近的几年内将推出智能型风力发电机组；运行可靠性从 20 世纪 80 年代的 50％，提高到现代的 98％以上，并且在风电场运行的风力发电机组全部可以实现集中控制和远程控制。风的不稳定性、风能流密度低和并网技术的要求也推动着风力发电机组控制技术的发展。

第一，叶轮控制技术。这是功率调节时叶轮的关键技术之一，目前投入运行的机组主要有两类功率调节方式：一类是定桨距失速控制，另一类是变桨距控制。风力机的功率调节完全依靠叶片的气动特性，称为定桨距发电机组。这种机组通常设计有两个不同功率，不同极对数的异步发动机。风机的输出功率处于不断地变化当中，桨距调节机构频繁动作。风力发电机组桨距调节机构来不及动作而造成风力发电机组瞬时过载，不利于风力发电机组的运行。变桨距风力机则能使叶片的安装角度随风速变化而变化，从而使得风力电机在各种工况下按照发电机组最佳参数运行。它可以使发动机在额定风速能以下的工作区有较高的发电量，而在额定风速以上高风速区段不超载，不需要过载能力大的发电机等。总体来说，它的缺点是需要有一套比较复杂的变桨调节机构。现在这两种功率调节方案在技术上都比过去有很大改进，而两种方式结合称为主动失速，已经为大、中型发电机组广泛采用。

第二，发电机控制技术。在风力发电中，当风力发电机与电网并网时，要求风电的频率与电网的频率保持一致。根据发电机的运行特征和控制技术，风力发电机技术一般分为恒速恒频风力发电技术和变速恒频风力发电技术。恒速恒频系统在同步发电机或异步发电机，通过稳定风力机的转速来保持发电机频率恒定。不论发电机组的转矩如何变化，发电机的转速恒定不变，这要求风力机有很好的调速机构，或采用其他方式维持风力发电机转子转速不变，以便维持发电机组与电网的频率相同，否则，发电机将与电网解裂。变速恒频风力发电系统是 20 世纪 70 年代中期开始研究和发展起来的一种新型风力发电系统。磁场调速变速恒频发电机是由一台专门设计的高频发电机和一套功率转换电路组成。

第三，并网控制技术。把风电机组连接到电网上必须满足发电机组与电网的频率相同、发电机组与电网的电压相等、发电机组与电网的电压相序相同、并联合闸时发电机组与电网的电压相角一致四个条件。实现风力发电机组并网，对叶轮和发电机技术有较高的要求。传统的控制模式首先需要建立一个有效的系统模型，而由于空气动力学的不确定性和电力电子模型的复杂性，系统模型不易确定，所有基于某些有效系统模型的控制也仅仅适合于某个特定的系统和一定的工作周期。由于现代控制技术的发展，模糊逻辑和神经网络的智能控制被引入风力发电机组控制领域，即用模糊逻辑控制进行电压和功率调节，用神经网络控制桨距调节及预测风力气动性能。

（三）风电机组控制技术

风电机组控制技术是一项关键技术。与一般的工业控制过程不同，风电机组控制系统是一个综合系统，它要完成的工作有三个，分别是：实现风机对风能的最大捕获；实现风电机组的平稳并网；在风电场中运行的风力发电机组具备远程通讯的功能。以上工作为控制系统的开发和研制工作带来了很大的挑战，也是我国风机生产的薄弱环节。目前我国一些大学、研究单位也对此进行了一系列的研究。

（四）海上风电场技术

海上有丰富的风能资源和广阔的平坦的区域，使得近海风电技术成为近来研究和应用的热点之一。世界上对海上风能的研究与开发始于 20 世纪 90 年代，经过十多年的发展，海上风电技术已经日趋成熟，并开始进入大规模开发阶段。多兆瓦级风电机组在近海风电场的商业化运行是风能利用的新趋势。丹麦计划在 2030 年使得海上风电容量达到 400 万千瓦。欧洲风能协会预测，今后 15 年，海上风电将成为风电发展的重要方向，预计到 2020 年，欧洲海上风电总装机容量达到 7000 万千瓦。在海上建设风电场是目前欧洲风能行业面临的最大挑战之一，同时海上风能也是欧洲持续开发风能的关键领域。

我国东部沿海经济发达，海上可以开发的风能资源大约为 7.5 亿千瓦。2006 年 11 月 22—24 日，上海市东海大桥 100 兆瓦风电场的招标评标工作在上海开始，标志着中国海上风电场建设拉开了帷幕。我国拟通过上海市东海大桥 100 兆瓦风电场建设掌握海上风能资源评估、海上风电场设计和施工技术，培养和锻炼海上风电建设的技术和管理人才，积累海上风电建设经验；同时结合国家科技攻关项目，对海上风电有关技术进行专题研究，逐步建立海上风电的技术标准体系，形成拥有自主知识产权的海上风电机组设计制造技术，为我国海上风电的规模化创造条件。

海上风电场之所以得到国内外的青睐，主要是它不占用宝贵的土地资源，基本不受地形地貌的影响；风速更大，风能资源更为丰富；而且运输和吊装条件优越，风电机组单机容量越大，年利用小时数越高。但是，海上风电场一般在水深 10 米、距离海岸线 10 千米左右的近海大陆架区域建设。与陆上相比，海上风电场机组必须牢固固定在海底，其支撑结构要求更坚固，所发电能需要铺设海底电缆输送，加之建设和维护工作需要使用专业船只和设备，所以建设成本一般是陆地风电的 2 到 3 倍。另外，海上风电场是否会对鸟类的迁徙、海洋生态与环境产生影响，都需要进一步的研究。

三、风能技术的发展现状

（一）国外风能技术的发展

20 世纪 70 年代，风力发电开始向商业化发展，经过 80 年代和 90 年代的快速发展，风力发电技术已经逐渐成熟，在部分国家已经成为比较重要的电力能源。由于风力发电对于环境有着独特的好处，随着发达国家对二氧化碳减排义务的承诺，风力发电已经得到很多国家的重视，也因此获得飞速发展。

德国是世界上风能利用最成功的国家，自从 1998 年成为全球第一风电生产大国以来，无论是年新装机容量，还是风机装机总容量，始终保持领先地位。仅次于德国的世界第二大风能发电国家是西班牙。美国是世界第三大风能利用的国家。丹麦是世界第四大风能利用的国家。发展中国家印度是亚洲利用风能最大的国家，也是全球第五大风能利用的国家。

国际上新建的风电项目的成本效益性能已经与常规矿物燃料发电很接近，如果考虑到外部性，风电比燃煤发电的成本效益要好，与天然气发电基本相当。根据丹麦 RIS 国家研究实验室对安装在丹麦的风力发电机组的评估，1981—2002 年间，风力发电成本由 15.8 欧分/千瓦时下降到 4.04 欧分/千瓦时，预计到 2020 年降低至 2.34 欧分/千瓦时。考虑到环境和生态效益，风电在丹麦已经是一种经济效益较好的发电项目。

根据世界风能协会预计，从世界范围来看，到 2020 年，风电装机总容量会达到 12.31 亿千瓦，年发电量相当于届时世界电力需求的 12%。风电会向满足世界电力需求 20%的方向发展，相当于今天的水电。

（二）国内风能技术的发展

我国风力资源非常丰富，国家气象局的资料显示：我国陆地上 10 米高度风能资源总储量为 32.26 亿千瓦，其中可供开发利用的为 2.53 亿千瓦。总体来说，我国目前风能发电量还很低，风力发电设备与外国相比有着不小的差距，但是我国风能利用处于快速发展的阶段，相关的研究与开发的力度在不断加大，从政策到经济都给予了很大的支持，为风电的发展提供了广阔的空间。

四、风能技术的发展趋势

（一）风电机组规模日益大型化

风能技术的快速发展，呈现出一些新的特点，首先是风电机组的规模日益大型化。虽然单机 1.5 兆瓦风电机组仍是市场上的主流机型，但目前正在快速地被 2 兆瓦风电机组和 3 兆瓦风电机组代替。

（二）风电场的选址日益扩大化

风电场的选址直接影响到风能资源的利用效率，风力大小与地形、地理位置及风轮安装的高度等因素有关。随着风电技术的不断成熟，风电场的选址也呈现出新的发展趋势。首先是风电场选址由强风带向弱风带过渡。启动风速低，清风启动、微风发电，能够实现对广大低速风源的开发，增加风机的年发电时间，从而最大限度地捕获风能，最大限度地挖掘风能资源。其次是风电场选址由平坦地形向复杂地形扩展。不同的地形和地貌会影响风的流动，有的会使得风加速，有的则会使得风减速，有利地势与地形的选择将会增加风电的产出。再次是风电场选址由陆上向海上转移。与陆上相比，海平面十分平滑，因此风速较大，具有稳定的主导风向，允许安装单机容量更大的风机，可以实现高产出。

（三）风能应用技术不断拓展

间歇性和不可控制性是制约风能利用的最主要因素。为了充分利用风能，降低风电对电网的影响，将风能与其他能源组成互补系统是一种有效地新途径。目前，除了技术上比较成熟的风电/光伏发电互补系统、风电/柴油发电系统互补系统外，近年来有不断开发出风电/水电互补系统、风电/燃气轮机发电互补系统等。互补系统不仅可以并网应用，也可以组成分布式电源独立运行，具有良好的应用前景。同时可将风电的直接应用与大规模蓄能技术相结合，把多余的风电能储存起来。风能还可以应用在海水淡化、制氢储能等方面。总之，通过相关应用技术的不断发展，风能将日益成为人们生活中的重要组成部分。

（四）风电成本逐渐降低

尽管风电成本受到很多因素的制约，但其发展趋势是逐渐降低的。随着风电技术的不断改进，风电机组越来越便宜和高效。增大风电机组的单机容量就可以减少基础设施费用，同样的装机容量需要更少数目的机组，这就节约了成本。根据丹麦 RIS 国家研究实验室对安装在丹麦的风力发电机组的评估，1981—2002 年间，风力发电成本由 15.8 欧分/千瓦时下降到 4.04 欧分/千瓦时，预计到 2020 年降低至 2.34 欧分/千瓦时。根据预测，风机成本发展到2050 年将会进一步下降 40%。

（五）风电的绿色特性越发凸显

与传统的化石能源相比，尽管目前风电在市场还缺乏竞争力，但其绿色性能却日益凸显。风电生产时主要利用当地自然风能转化为机械能，再将机械能转化为电能的过程，整个过程不排放任何有毒有害气体。虽然风电场在建设过程中可能产生噪声污染，但是工程建设一般距离居民区较远，对居民的生活影响较小；风力发电机组的运行噪音也在国家标准以内，而且风电对大气、水体、陆地均无污染，因此具有明显的环境效益，凸显了风电的绿色特性。

第五节 核能开发利用技术

全球气候变暖的现状日益为世界所关注，传统的化石能源总量在全球经济不断扩张的同时也在迅速减少，这就使得世界各国积极寻找有利于降低二氧化碳排放量、减缓全球气候变暖和替代煤炭、石油、天然气等传统的不可再生化石能源的洁净绿色能源。而随着现代科学与技术的不断发展，特别是 20 世纪以来量子力学和现代核物理学的快速发展，以及核能本身具有清洁、高效、经济和安全的特点，核能利用相关技术不断成熟，以核能作为传统化石能源的替代能源之一也日益受到世界各国的重视。

改革开放以来，我国社会经济快速发展，与此同时，我国的生态环境污染问题也成为影响和制约经济和社会可持续发展的一个重要问题。在众多的污染中，能源特别是传统的化石能源所引起的污染是污染的一个非常重要来源。理论和实践都已经表明：我国经济和社会的可持续发展，必须建立在能源和环境协调发展的基础上。而核能的开发和利用则是解决这一问题的可能现实途径。

一、核电的基本特性

（一）核电的安全性

核能的发展，当前需要解决的主要问题包括三大方面：提高核能的利用效率，提高核电站的安全性问题以及长半衰期高放射性核废料的处理问题。而核电的安全性问题则一直是支持者和反对者双方争论的焦点问题。反对者的主要论据来自两个方面：一方面是核电站曾经发生过一些核事故。根据有关统计资料，从 1957 年到 1995 年全球共发生过 18 次重大的核事故。其中，以 1979 年美国的三里岛事件和 1985 年，苏联的切尔诺贝利事件最为严重和最为引人关注。从 1995 年到 1997 年，日本发生了 11 次核泄漏事件，其中，发生在日本西南部的文殊的快中子增殖反应堆及西北部的普贤高级中子反应堆事故，引起了全社会的广泛关注。全世界功率最大的快中子反应堆核电站法国"超级凤凰"，就是因为事故不断才于 1996 年被迫关闭，至今仍在处理后事。另一方面是核废料的处理问题。一座 100 万千瓦的核电站，每年约产生 30 吨乏燃料和 800 吨低放射性的废料。30 吨乏燃料中有 2％的是半衰期长达几百万年的放射性物质，如果不加以可靠的处理，一旦这些核废料进入人类活动的环境范围，其对水源能造成的污染则会严重地危及子孙后代。我国台湾省的兰屿岛，在 1983 年建成 3 座核电站放射性物料储存库。此后，当地居民死于癌症的人数便急剧增加。统计结果表明，该岛的放射性含量已经超过台北市的 5 倍，这与放射性核废料的泄露有直接的关系。

支持者则以国际专家对切尔诺贝利核电站的评估为例，认为核电站的设计并未满足国际标准，最终导致核泄漏的严重事故。自 20 世纪 80 年代以来，随着现代技术的不断发展，世界上核电站的安全性能也有了很大的改进，发生核泄漏等事故的概率已经由原来的平均每年每千座核电站可能发生一起核事故，下降到平均每年每十万座核电站可能发生一起事故的水平。商业核电站 40 多年的运行历程已经证明，从工业事故、环境损害、健康效应和长期危害的角度看，核电要比传统的化石燃料系统更安全。至于核废料的处理问题，目前中低放射性核废料处置技术已经解决，800 吨的中低放射性的核废料经过加工处理以后可以压缩到 20 立方米体积的固体废物，可以直接进行地下掩埋。对于乏燃料中半衰期很长的放射性物质，国际核能界正在探索一种分离——嬗变的技术，先将这种半衰期极长的物质从乏燃料中分离出来，再放入反应堆中，经中子辐射变成短半衰期寿命，甚至不带放射性的物质，以实现乏燃料的最终安全处理。

（二）核电的经济性

在核电发展的初期，由于技术水平相对比较低，使得核电的成本相对比较高。但随着核电技术的发展和核单机容量的增加和批量建造，就使得核电站的发电成本迅速下降。1958 年，美国运行第一座核电站——希平港核电站，发电成本为 5 美分/千瓦时，1962 年的较大型核电站的发电成本已经降到 1 美分/千瓦时。1963 年牡蛎湾沸水堆核电站的可行性报告显示，其核电站建成后的发电成本可以与常规的火力电站竞争。随后又有两家核电站的可行性报告以能够令人信服的证据表明，核电能与常规电站展开竞争。1966—1967 年是美国核电站订货的第一次高潮，核电订货分别占两年火电和核电总订货装机容量的 45％。1972—1973 年是美国核电站订货的第二次高潮，核电订货分别占两年火电和核电装机总容量的 55％ 和 48％，这是核电经济性被普遍承认的一个反映。[①]

目前，世界范围内已经有 10 多个国家的核电发电量占发电总量的比重超过 20％，其中包括法国、德国、英国、西班牙、瑞典、瑞士、比利时、乌克兰、日本、韩国等。这也从一定程度上说明核电的经济竞争力。在中国，核电站建设的投资成本很高，单位千瓦的造价大约是煤电的 1.5～2.0 倍，是天然气电厂的 3～4 倍，但是其燃料费用很低。这就使得核电站的总体运营成本相对传统电站来说具有很大优势。在核电的发电成本中，燃料的比重很少，只占到 1/5 左右，同时投资资本的回收比重很高，大约占六成左右。中国已经建成的广东省大亚湾核电站的机组是从法国引进的，其发电成本还高于当地燃煤电厂的成本，但是其发电量的 7 成以上都是供应中国香港，其发电成本低于中国香港的其他物质发电的成本，因此经济效益也算可观。中国实现核电国产化以后，设备单位千瓦计算的造价预期相比之下还可以减少 1/4 以上，若以批量和系列化生产核电，则其发电成本就可以与燃煤发电进行竞争。

（三）核电的绿色性[②]

由于核电相关技术的不断进步，目前的核电已经是十分清洁的能源。在传统的发电方式中，环境污染大部分是由于发电过程所使用化石燃料引起的，就污染的程度而言，煤是最严重的。尽管煤炭为人类世界提供了约 1/4 的一次能源，但发展燃煤电厂，不可避免地要排放大量的烟尘灰渣、二氧化碳、二氧化硫和氮氧化物等污染物，而由二氧化碳等造成的温室效应以及二氧化硫和氮氧化物等造成的酸雨，正在全球范围内危及人类赖以生存的自然生态环境。

与燃煤电站相比，核电站不向环境排放一氧化碳、二氧化碳、二氧化硫和氮氧化物以及烟尘。目前核电站的主要燃料为 U－235，1kgU－235 全部裂变时产生的能量，相当于 2500 吨标准煤燃烧时放出的能量。所以核电站每年需要的核燃料很少，一座 100 万千瓦功率的核电站，每年只需要补充 30 吨左右的核燃料，只产生 100 立方米的中低放射性废物和 3 立方米的高放射性废物。如果这些核废料经过严格处理之后，对环境的影响可以说是微乎其微，所引起的人均辐射剂量比乘飞机或看电视所引起的还要低得多。而相同规模的煤电站

---

① 中国科学技术信息研究所. 能源技术领域分析报告（2008）[R]. 北京：科学技术文献出版社，2008：136.

② 关于核能绿色性评价指标的相关论述请参阅：卢建昌. 核电燃料绿色供应链指标评价体系 [J]. 中国管理信息化，2009，12（13）：110～113.

则需要 330 万吨煤，运行一年产生煤灰 25 万吨，其中有毒金属就多达 400 吨。

法国是成功发展核电的国家之一。从 1980 年到 1986 年，核电占总发电量的比例从 24％上升到 70％，二氧化硫的排放量减少 56％、尘埃减少 36％，大气质量明显改进。美国从 1975 年至 1995 年，因为发展核电而减少排放 16 亿吨二氧化碳和 2500 万吨二氧化硫。我国的山东省 17 个地市基本都有大中型火电厂，电厂大部分处于二氧化硫和烟尘限量排放控制区内，所排放的烟尘成为当地的主要污染源之一。根据山东核电建设规划，到 2020 年，力争全省核电装机总容量达到 6000 兆瓦。据相关计算，如果在胶东半岛建设同等容量的燃煤机组，必然对青岛、烟台、威海等城市的自然环境和海滨旅游风景构成严重威胁，甚至或产生毁灭性的影响。而 6000 兆瓦的核电机组每年则可减少约 1900 万吨发电用原煤。因此，核电的绿色性也在逐渐凸显，发展核电对缓解日益加剧的环境污染和大气变暖具有积极的意义。

二、核能技术的发展现状

（一）国外核能技术发展现状

1945 年，人类世界爆炸了第一颗原子弹，从此开始了人类利用核能的新纪元。核能开发和利用的主要方式是核能发电。人类核电站的开发和利用肇始于 20 世纪的 50 年代。1954 年，苏联建成了功率 5000 千瓦的实验性核电站；1957 年，美国建成功率为 9 万千瓦的希平港原型核电站。这些成就证明了核能开发和利用在技术上是可行的。按照国际惯例，我们把 50 年代建成的这些实验性和原型核电站机组称为第一代核电机组。

20 世纪 60 年代以后，人类在第一代实验性和原型核电机组的基础上，经过技术改进和科研攻关，陆续建成功率在 30 万千瓦以上的压水堆、沸水堆、重水堆等新型核电机组，新的核电技术和核电机组表明，核能发电不仅是技术上可行的，而且核电具有与水电、火电相竞争的经济性。20 世纪 70 年代，石油涨价所引发的能源危机进一步促进了核电相关技术的快速发展，目前世界上商业运行的核电站机组绝大部分都是在这一时期建成的，也被称为第二代核电机组。

1979 年以前，人们普遍认为核电是安全和清洁的能源。但是 1979 年美国的三里岛核泄漏事故和 1986 年的苏联切尔诺贝利核电站核泄漏事故，增加了社会公众对核电安全的担忧，而核电投资者也放缓了他们的投资步伐，核电的发展也就自然地跌入了低谷。但是中国、法国、日本和韩国等国家发展核电的方针依然没有改变，认为核电站的安全问题是随着社会经济进步和科学技术发展是可以得到解决的，核电的安全是可以从技术上得到保障的。20 世纪 80 年代，虽然美国撤下了不少拟建设的核电项目，但是其对于核电事业发展的可行性研究却一直在进行。美国能源部和电力研究院的研究结果认为，以现有的核电经验和核电技术水平，美国可以设计出新一代的核电机组，使得其安全性能为社会公众和投资者所接受，其经济性能具备和水电、煤电等参与竞争的能力。以此为基础，美国电力研究院在 20 世纪 90 年代推出了"先进轻水堆用户要求文件"，即 URD 文件，用一系列定量指标来规范核电站的安全性和经济性。欧洲出台的"欧洲用户对轻水堆核电站的要求"，即 EUR 文件，也表达了与 URD 文件相同或相似的看法。国际原子能机构也对其推荐的核安全法规进行了一些修订和补充，进一步明确了防范和缓解严重事故、提高安全可靠性和改善人因工程等方面的要求。

切尔诺贝利核泄漏事故已经过去 30 多年了，在这期间，世界上有几百座核电站投入运行，又积累了将近 10000 堆年的核电站运行经验，且无重大事故发生。这说明核电站经过改进以后的安全性能已经大有提高，改进措施已经初显成效，但是公众和用户对于核电事业的发展仍然存在一些疑虑，因此还有一些工作需要进一步努力，主要包括：一是要进一步降低堆芯融化和放射性向环境释放的风险，使得发生严重事故的概率降低到极致，以期消除公众的疑虑；二是要进一步减少核废料特别是强放射性和长寿命核废料的产量，寻求更加优质和绿色洁净的核废料处理方案，减少对人员和环境影响的程度；三是需要进一步降低核电站每单位千瓦的造价，同时进一步缩短核电站的建设周期，提高核电机组的发热效率和可利用率，延长其寿命，进一步改善其经济性能。美国的 URD 文件、欧洲的 EUR 文件，和国际原子能机构 NUSS 建议法规修订新版也是依据上述目标而提出的。国际上通常把满足 URD 文件或 EUR 文件的核电机组称为第三代核电机组。

人类进入 21 世纪，世界各国又提出了许多新概念的核反应堆和燃料循环方案。2000 年 1 月，在美国能源部的倡议下，美国、英国、瑞士、南非、日本、加拿大、韩国、巴西、阿根廷等 10 个有意愿发展核能的国家派遣专家组成"第四代国际核能论坛（GIF）"，于 2001 年签订了合约，约定共同合作研究开发第四代核能系统。第四代核能系统开发的主要目标是要在 2030 年左右创新开发出新一代核能系统，使其安全性、经济性、可持续发展性、防止核扩散、防止恐怖袭击等方面都有显著的先进性和竞争力。

2000—2002 年的三年里，先后有 100 多名专家开过 8 次研讨会，提出了第四代核能系统的具体技术目标：一是核电机组投资不大于 1000 美元每千瓦，发电成本不大于 3 美分每千瓦，核电站的建设周期不超过 3 年；二是非常低的堆芯融化概率和燃料破损率，认为错误不会导致严重事故，不需要场外应急措施；三是尽可能减少核从业人员的职业剂量，尽量减少核废料的产生剂量，对核废料要有一个完整的处理方案，其安全性能要为公众所接受；四是核电站本身要有很强的防止核扩散能力，核电和核燃料技术难于被恐怖组织所利用，这些方法和措施要能用科学的方法进行评估；五是要有全寿期和全环节的全面管理系统；六是要有国家合作的开发机制，共同研发和共同享用。

按照 GIF 对第四代核能技术的展望计划，将在 2020 年前后选定一种或几种核反应堆型，2025 年左右建成创新的原型机组系统示范。如果在原型机组上能够成功显示所选择的创新技术在安全性和经济性等方面具有优越性，具有与其他能源相比的绝对竞争优势，那么大约在 2030 年就可以广泛采用第四代核电机组系统。而且到那时，目前运行的第二代核电机组将达到 60 年的寿命期而即将退役，可以用四代机取而代之。总之，国外核电的发展已经经历了三代核电站的建设实践，第四代核电机组的相关技术正在规划、研究和开发过程中。

（二）国内核能技术发展现状

自 20 世纪 70 年代我国开始设计建造核电站以来，我国的核电站研究开发和设计建造工作已经走过了 30 多年的历程。目前，我国的核电已经进入批量化快速发展的新阶段，在沿海及经济发达的地区，核电已经显示出较强的综合竞争力。经过多年来的核电发展建设，我国在新型技术自主研发、自主设计、建造、设备制造和运营管理等方面已经积累和取得了一些经验和成绩，在技术、设备、管理、安全上采取多重保障，设施能够完全确保中国核电将来持久安全运行，基本具备"中外结合、以我为主、发展核电"，建设百万千瓦级核电站的能力。[①]

---

① 中国科学技术信息研究所. 能源技术领域分析报告（2008）[R]. 北京：科学技术文献出版社，2008：112～115.

在核电技术开发方面，由清华大学核能与新能源研究院建设的国家 863 高技术发展项目计划项目"10 兆瓦高温气体冷实验反应堆"已经跨入国际先进行列。在核电工程方面，我国已经具备 30 万和 60 万千瓦压水堆核电站自主设计能力，基本具备满足现行和安全要求的百万千瓦级核电站设计能力，以及自主批量规模建设的工程设计能力，形成了核电站总体设计、核岛与常规岛设计骨干队伍。在核电设备制造方面，已经基本形成上海、东北和四川三大核电设备制造基地，除了主泵、数字化仪控系统等少数设备外，具备了百万千瓦级压水堆核电站大部分设备的制造能力。在建设安装及施工方面，"九五"和"十五"期间 4 个核电项目的建设，证明我国施工建设队伍已经具备了同时在四个厂址按照不同进度建设 8 台核电机组的土建安装施工能力。在安全运行和维护方面，我国核电站已经达到了国际中等偏上的水平，基本具备了核电运行管理、在役检查、维护检修、人员培训等的技术支持和服务能力。在燃料供应能力方面，实现了核电站燃料组件国内供货，通过新建和改扩建扩大生产规模，可以满足我国未来发展核电的需要。

总体来说，目前核电是实用的发电技术，目前已经发展了比较成熟的技术，能够达到安全可靠运行，经济性能也好，具有不断发展提高的潜力。

中国作为一个发展中的大国，应该走具有中国特色的低碳发展道路，可再生能源的发展要加强科技创新。在能源供应方面，中国的国情还有别于发达国家，能源消费还要持续增长，传统能源远未优质化。所以，走中国特色低碳发展道路要科学借鉴国外经验，同时防止盲目照搬发达国家的模式和理念。发展低碳能源要符合中国国情，面向国内市场。要尽可能发展短期内就可以大规模提供能源供应的优质清洁能源。因此，核电应该成为现阶段清洁能源的发展重点选择之一。

三、世界上主要的核能技术

(一) 现有核电站反应堆技术

目前，全球范围内处于商业运行的核电站反应堆类型主要有压水堆、沸水堆、重水堆、快中子堆、石墨气冷堆等。[①]

压水堆核电站是以压水堆为热源的核电站，主要由核岛和常规岛组成。压水堆核电站核岛中的四大部件分别是蒸汽发生器、稳压器、主泵和堆芯。在核

---

① 中国科学技术信息研究所. 能源技术领域分析报告（2008）[R]. 北京：科学技术文献出版社，2008：115.

岛中的系统设备主要有压水堆本体、一回路系统，以及为支持一回路系统正常运转和保证反应堆安全而设置的辅助系统。常规岛主要包括汽轮机组和二回路等系统，其形式与常规火电厂相类似。

沸水堆核电站是以沸水堆为热源的核电站。沸水堆是以沸腾轻水为慢化剂和冷却剂，并在反应堆压力容器内直接产生饱和蒸汽的动力堆。沸水堆与压水堆同属于轻水堆，都具有结构紧凑、安全可靠、建造费用低、技术相对成熟和负荷跟随能力强等优点。它们都需要使用低富集铀作为反应堆系统的燃料。沸水堆核电站系统包括主系统、蒸汽——给水系统和反应堆辅助系统等。

重水堆核电站是以重水堆为核反应燃料热源的核电站。重水堆是以重水作为慢化剂的核反应堆，可以直接利用天然铀元素作为核反应堆的核燃料，可用轻水或重水作为冷却剂。重水堆分压力容器式和压力管式两类。重水堆核电站是发展较早的核电站，类型多样，但是目前已经实现工业规模化推广的只有在加拿大发展起来的坎杜型压力管式重水堆核电站。

快中子反应堆是由快中子引起链式裂变反映所释放出来的热能转化为电能的核电站类型。快中子反应堆在运行中既消耗裂变材料，同时又产生新的裂变材料，而且所产大于所耗，可以实现裂变材料的增殖。

石墨气冷堆就是以气体（二氧化碳或氦气）作为冷却剂的反应堆。这种反应堆类型经历了三个发展阶段，有天然铀石墨气冷堆、改进型气冷堆和高温气冷堆等三种类型。天然铀石墨气冷堆实际上就是以天然铀元素为燃料，石墨作为慢化剂，二氧化碳作为冷却剂的反应堆；改进型气冷堆设计的目的就是改进蒸汽条件，提高气体冷却剂的最大允许温度，石墨仍然作为慢化剂，二氧化碳作为冷却剂；高温气冷堆是以石墨作为慢化剂，氦气作为冷却剂的反应堆。

目前仍处于研发中的第四代核反应堆，已经在 2002 年第四代核反应堆国际论坛上经过评选，已经初步选定了 6 个设计构想作为将来的第四代核反应堆，包括两个以载热流通体为气体冷却的高温反应堆、两个由液态金属冷却的反应堆、一个超临界压水堆和一个熔盐反应堆。其中 4 个是快中子类型的，5 个利用了原子裂变产生的锕系元素的循环，使得系统可以同时处理废料的"封闭"回路。还有经过改造的第三代、第四代技术，其主要特征就是防止核扩散、具有更好的经济性能、安全性能和少量的核废料，预计这些技术要在 2050 年以后，才能投入实际应用。

（二）第三代主要的核电技术

第三代核电站的概念是 20 世纪 90 年代提出的，第三代核电机组是在采用第二代核电机组已经积累的技术储备和运行经验的基础上，针对其不足，采用经过开发验证的可行的新技术，能进一步改善核电的安全性能和经济性能的新型核电机组。[①]

第三代核电机组设计方案具有以下主要特点：在安全性方面，具有预防和缓解严重事故的设施；在经济性能方面，能够与联合循环的天然气电厂相竞争，机组利用率不小于 78％，设计寿命至少 60 年，建设周期不大于 54 个月；采用非能动安全系统，简化相关系统，减少相关设备，同时提高安全度和经济性，与此同时单机容量进一步增加；采用整体数字化控制系统，明显地提高了系统的可靠性，不仅改善了人因工程，避免了误操作，也使得建设模块化而缩短了建设周期。

目前，全世界范围内的核电供应商按照 URD、EUR 等用户要求文件的要求，在各自已经形成批量生产的轻水堆机型的基础上，研究开发先进轻水堆机组项目。所谓的先进轻水堆项目就是在设计上集中了以往轻水堆的成功经验，以及科研开发的最新成果，不仅在安全性能方面在原有的基础上加深了防御能力，而且对于缓解事故的后果给予了更多的关注，并且在性能上满足更大的设计容量、更长的使用寿命、更好的运行机动性，使得新的核反应堆更加安全可靠、便于运行维护、更好的人机接口和更好的经济性能。

美国的 URD 把更先进轻水堆分成两个类别：第一类是在现有的轻水堆核电站成熟技术基础上，利用其经验反馈和新的科研成果，在总体性能上有了较大改进，称作"改进"型核电厂。这类电厂的特点是不需要原型堆，更不需要大量的实验验证。第二类是非能动型电厂，这些新的电厂引进了"非能动安全"的新理念，但是与"改进"型核电厂相比较而言，则需要大量的实验论证，需要经过"原型堆"的实验阶段。

总体来说，世界上目前先进的轻水堆机组主要包括美国西屋公司确定开发的 AP－600 与 AP－1000、美国 GE 公司开发的先进沸水堆（ABWR）、法国法玛通公司和德国西门子公司联合开发的欧洲先进核电机组欧洲压水堆（EPR）等。

---

① 中国科学技术信息研究所. 能源技术领域分析报告（2008）［R］. 北京：科学技术文献出版社，2008：116.

（三）第四代主要的核电技术

第四代核电技术与以前的核电技术相比较而言，更加注重其安全性能和经济性能。目前，世界上第四代核电技术主要有超临界水冷堆（SCWR）、超高温气冷堆（VHTR）、熔盐堆（MSR）、钠冷快中子堆系统（SFR）、气冷快中子堆系统（GFR）、铅冷快中子堆（LFR）等几种。

超临界水冷堆（SCWR）是第四届核能系统国际研讨大会上被 GIF 选定为长远开发目标的 6 种堆型之一，也是唯一被选定的轻水堆型。这是一种创新型的核能系统，计划投入研发经费约为 10 亿美元，其研发目标是在 2030 年左右进入工业应用阶段。1998 年开始，日本东京大学在其科学促进会的资助下展开了对临界压力水化学、辐射损伤和传热恶化现象等进行研究。2000 年，在日本通产省的资助下开始对超临界水冷堆（SCWR）进行相关的研究和开发工作。美国在 1999 年启动了核能研究计划（NERI）发展新一代核能技术，选择了包括超临界水冷堆在内的新型反应堆进行相关的技术攻关，在新型反应堆设计、材料、堆工程和安全，以及辐照化学等领域开展了相关的工作。韩国政府也在近年开展了超临界水冷堆（SCWR）的可行性相关研究，积极参与国际核能研究计划（I－NERI）和第四代核能系统国际研发计划（GEN－IV）。2000 年开始，欧盟开展了超临界水冷堆（SCWR）项目相关研究，有德国、法国和意大利等 7 个国家参与相关的科研工作，其可行性研究在 2008 年完成；欧盟计划用 10 年的实践进行关键技术的科研攻关，包括材料性能研究、设计程序研制、超临界水传热实验研究以及临界流动实验研究等；花费 7 年的时间进行整体性试验，包括棒束传热试验、中子学验证试验、衰变热排出试验以及 LO-CA 分离效应试验等相关研究；预计在 2020 年左右完成概念设计，建成原型超临界水冷堆。

超高温气冷堆是在高温气体堆（HTGR）的基础上发展起来的，主要采用模块化技术，用于核能发电和制氢。超高温反应堆用氦气作为冷却剂，堆芯出口温度达到 $950℃\sim1000℃$。利用氦气载出的核能高温工艺热，通过水的碘－硫热化学流程制取氢，或高温电解制取氢，是超高温气冷堆的主要用途。当氦气出口温度达到 $1000℃$ 时，其发电效率可以达到 50%。

熔盐堆（MSR）是以锂和氟化铍的混合熔盐以及溶解的钍和氟化铀－238 为燃料的核反应堆。堆芯由没有包壳的石墨排列组成，以允许熔盐在 $700℃$ 高温下流动。热量传输到二次熔盐回路以产生蒸汽。溶解在熔盐中的裂变产物不断通过一个线后处理回路排除，并代之以钍－232 或铀－238。锕系元素一直在反应堆中直到它们裂变或变成原子序数更高的锕系元素。美国在 20 世纪 60 年代就已经开发出熔盐快中子增殖反应堆，并作为快堆的主要备选方案，运行了一座小型原型堆。美国最新开发的一种熔盐堆（MSR）使用与高温气体冷却堆类似的石墨矩阵燃料，燃料循环方式也相近，但是用比氦气的传热性能更好的熔盐作为冷却剂，可以在低压条件下就能够达到 1000℃，可用于热化学制氢。目前，日本、法国、俄罗斯等国也对熔盐堆（MSR）产生了浓厚的兴趣。

钠冷快中子堆系统（SFR）具有快中子谱，可以实现核燃料的高效利用和锕系元素的嬗变。在第四代核能系统的各种方案中，钠冷快中子堆系统（SFR）是技术上最为成熟的系统，但是其发电的经济性能还不能与轻水堆相竞争。因此，作为第四代核能系统发展的一种选择，钠冷快中子堆系统（SFR）在完善非能动安全性、降低造价和发电成本，以及循环燃料相关技术等方面还有大量的工作要做。

气冷快中子堆系统（GFR）是以氦气作为冷却剂，具有快中子谱的核反应堆。氦气代替液态钠元素作为冷却剂，可以消除钠元素的可燃性所带来的安全性问题以及钠系统的复杂性相关问题。由于中子的经济性好，具有良好的核燃料增殖能力，所以采用快中子谱能够实现裂变材料的自持利用，长寿命锕系核元素可以嬗变成短半衰期或稳定的核素。气冷快中子堆系统（GFR）采用闭式燃料循环，甚至有望发展成为具有就地燃料循环设施全封闭式燃料循环系统，这样可以避免核材料运输带来的核扩散风险性，提高铀元素资源的利用率，极大地减少了核废料的产生。气冷快中子堆系统（GFR）主要用于发电，以及长寿命锕系元素的嬗变，其 850℃高温的氦气工艺热也可以用于制氢。气冷快中子堆系统（GFR）在可持续性方面有突出的优势，在安全性、经济性，以及防核扩散和实体保护方面也都满足第四代核反应堆技术发展的要求。同时，气冷快中子堆系统（GFR）也有一些关键技术有待于解决，包括用于快中子谱的气冷快中子堆的燃料元件；堆芯设计具有较硬的快中子谱，在增殖包层中能获得较高的转化比；快中子堆的安全性，特别是在高功率密度下和热惰性较小的条件下如何解决停堆后堆芯衰变热的安全载出；燃料循环技术，包括乏燃料的解体和再造技术等。

铅冷快中子堆（LFR）就是采用液态金属铅或者铅铋作为冷却剂的快中子堆。即用液态金属铅代替常规快中子冷却剂金属钠，以消除采用易燃性钠元素所带来的安全性和复杂性相关问题，但是其也存在技术问题有待于解决。

（四）轻核聚变能技术

1919 年前后，英国物理学家阿斯顿（F. W. Aston）发现轻核的聚变也像重核的裂变一样可以释放出能量，并和卢瑟福（L. Rutherford）一起证实了轻元素以足够大的能量相互撞击则可以引起核反应的现象。10 年以后，在德国工作的阿特金森（R. Atkinson）和奥特迈斯（F. Houtemans）从理论分析提出了太阳内氢原子在几千万摄氏度高温下剧变成氦的假设。二战期间，费米（E. Fermi）和爱德华·泰勒（E. Teller）分别作了一系列有关氢弹原理和核聚变反应堆设想的学术报告。在理论研究方面，到 20 世纪 70 年代中期，研究工作主要还是面向基础理论的发展。到了后来，主要工作已转向理论为实验服务。关键的研究内容包括反常电子热导率、磁流体动力稳定的 β 极限、杂质的行为和控制、辅助加热聚变堆的热稳定性等。20 世纪 80 年代，聚变研究的主要兴趣，已经从聚变功率的可获得条件转向经济上有利的聚变特征堆优化问题。

目前，主要的几种可控制核聚变方式包括：磁约束核聚变、激光约束核聚变和超声波核聚变。按照目前的技术水平，要建立磁约束型核聚变反应堆需要几千亿美元。1985 年，在美苏首脑的倡议和国际原子能机构的倡导下，一项重大的国际科技合作计划——"国际热核实验堆"（ITER）得以确立，其目标是要建立一个可持续燃烧的磁约束核聚变实验堆，以验证核聚变反应堆工程的可行性。作为聚变能反实验应堆，ITER 需要把上亿度由氘氚组成的高温等离子体约束在体积达 837 立方米的"磁笼"中，产生 50 万千瓦的聚变功率，持续时间达 500 秒。50 万千瓦热功率已经相当于一个小型热电站的水平，这将是人类地球上所获得持续的、有大量核聚变反应的高温等离子体所产生接近电站规模的受控核聚变能量。

四、核能技术的发展趋势

随着科学技术水平的不断发展，核能作为一种比较经济、洁净和短期内可以实现大规模工业化生产和应用的传统化石能源的替代能源，其显著的优点是在生产和使用的过程中不向大气排放任何温室气体，因此，核能在未来社会必将具有全新的发展趋势。

（一）安全性能逐渐提高

核电的安全性日益成为未来核电市场竞争中的最关键因素。越是先进的核电机型，其安全性方面的要求就越高。近 10 年来，世界上指导核电技术的用户要求文件 URD、EUR，最新提出的第四代核电站的性能要求以及美国最近颁布的新能源政策都贯穿提高安全性能这一主线，并采取了纵深防御的设计思想，以及冗余性、多样性的设计方案和保守性的设计原则。世界各国最新提出的"非能动安全系统"的设计概念，一般都在原有设计基础之上增加非能动安全系统代替原有的能动安全系统，但不追求全部采用非能动安全系统，而是根据技术成熟程度和对机组的安全、经济性能的改进程度，最终确定哪些非能动安全系统，即是非能动、能动混合型的安全系统，简化系统，减少设备同时提高安全性。

（二）经济性能越来越具竞争力

核电的经济性能是决定核能能否与其他能源展开竞争的主要因素之一。未来第四代核能系统，其技术目标中有关经济性的指标有两个，一个是全寿命成本的优势，另一个是较低的财务风险。美国已经建成的核电站运行结果显示，在还本付息后的发电成本远低于市场平均发电成本。在美国，有竞争力的发电成本是 3 美分/千瓦时，目前其 60% 的核电厂的燃料成本、运行成本与维护成本之和是 2 美分/千瓦时。

（三）核电站设计使用年限日益增长

在经济上延长寿期对于新建核电站更经济。从可行性看，迅速更换反应堆的部件等措施，延长反应堆寿期在技术上和经济上已经得到验证，绝大部分原设计寿命 40 年的核电机组都可以延长到 60 年。目前，美国、英国和日本等许多国家都做了关于延长寿命的研究验证工作，并通过核安全部门审查批准延长寿期。美国科学家最新指出，21 世纪设计建造的核电站设计运行 100 年。

（四）单机容量双向发展

第三代核电机型继续向大型化方向发展以追求规模效应，比如轻水堆核电机组的规模从 20 世纪 80 年代初期的 1000Mwe 提高到目前的 1300～1400Mwe，而且正在向 1600～1800Mwe 发展。这种发展是在提高轻水堆安全的条件下，维持竞争力最有效的办法，而且也使该核电站单个项目投资规模越来越大。第四代核电机组由于普遍采用一体化反应堆设计，又有向小型化发展的趋势，其经济性目标通过系统简化和缩短建造周期来实现。

（五）核设施的模块化趋势日趋增强

世界各国和设备供应商提出新的核电机组机型都无一例外地采用了全数字的仪控系统，并且进一步向智能化的方向发展。法国的 N4 和日本的 ABWR 核电机组都是全数字的仪控系统。新设计的机组也都采用全数字的仪控系统。核电的设施施工为缩短工期、提高经济性都突破原有方式向模块化方向发展。在设计标准化、模块化的条件下加大工厂制造安装量，通过大模块运输、吊装、拼接，减少现场施工量。这是新一代机型共同采用的新方法和新技术。美国 GE 和日本联合建设的两台 ABWR 机组已经成功地采用了这种技术，我国 10 兆瓦高温气冷堆也实现了仪表控制系统的数字化和施工建设的模块化。

（六）快中子技术快速发展

快中子反应堆可将天然铀资源的利用率从目前核电站中广泛应用的压水堆的约 1％提高到 60％～70％，并可以嬗变并烧掉长寿命放射性核废物，这对于充分利用铀资源，促进核电的可持续发展，解决后续能源的供应问题以及核废料的处理问题都具有十分重要的意义。目前，主要工业发达国家已经建立了本国的核燃料循环技术和体系，基本掌握了快中子增殖堆技术。

第六节　生物质能利用技术

随着国际石油价格的大幅波动与《京都议定书》的逐步生效，可再生能源的发展在世界范围内得到许多国家的关注，生物质能作为目前人类技术水平条件下可再生能源的重要组成部分，也日益成为国际能源开发与利用领域的热点之一。根据相关统计资料，到 2006 年年底，世界范围内可再生能源发电装机总容量超过两亿千万，其中生物质能发电约占四分之一，达到五千万千瓦。在燃料乙醇代替汽油等方面也在各个国家逐渐得到重视。

一、生物质能的基本特点

生物质能是通过植物的光合作用将太阳能转化为化学能而储存在生物体内的能量形式。光合作用是植物吸收太阳能，把水和二氧化碳合成有机物，释放出氧气的过程，是地球上氧气的主要来源。而当今世界人类文明所需的煤炭、石油和天然气等化石能源燃料，也都是古代植物光合作用的产物。

与石油能源相比较而言，生物质能是固定空气中二氧化碳的产物，每增加1 吨生物质能的消耗就可以减少相当于消耗化石能源所产生的 2 吨温室气体的排放。因此，生物质能与传统的煤炭、石油和天然气等化石能源燃料相比具有很多优点：

第一，生物质能是可再生能源。生物质是年复一年的可再生物质，远比石油、天然气等丰富，而且年产量巨大。在全球范围内，陆地上的植物通过光合作用产生的有机物总量可达到 1.8×10^{11} 吨，热当量为 3×10^{21} 焦耳左右，是目前全球总能耗的 10 倍，而作为能源被利用的生物质还不到其总量的 1%。

第二，生物质能是一种洁净能源。与传统的化石能源相比，生物质含硫量极低，而且含氮量也不高，所以燃烧后硫氧化合物和氮氧化合物的排放量很低；生物质中灰分也很少，因此在充分燃烧后烟尘含量很低；生物质的生产利用几乎不会增加二氧化碳的排放。因此，联合国开发署、联合国粮农组织、世界能源委员会、国际能源机构和美国能源部都把生物质能作为发展可再生能源的首要选择。联合国粮农组织还认为：生物质能有可能成为未来可持续发展能源的主要能源，到 2050 年可以提供全球 40% 的燃料；扩大生物质能利用也是减排二氧化碳的重要途径之一，到 2050 年可以使全球减少排放二氧化碳 54 亿吨；大规模植树造林和种植能源作物，有效利用生物质能，可以促进环境生态良性循环，保护生物多样性；发展生物燃料，可以促进农业生产，增加农村就业机会和农村居民收入，振兴广大农村经济。从某种意义上说，大力发展生物质能相关产业，对于解决我国"农村、农业和农民"的三农问题和现阶段我国1.2 亿农民工的再就业问题也具有积极意义。

第三，生物质分布地域广泛，凡是生长植物的地域都可以开发利用。在贫瘠的或被侵蚀的土地上种植能源作物或植被，可以改良土壤，改善生态环境，提高土地的利用程度，特别是减少对煤炭、石油等资源的依赖都具有十分重要的意义。

第四，从生物质资源中提取或转化得到的能源载体更具有市场竞争力。开发生物质资源，可以在促进经济发展的同时增加城镇和农村就业机会；城市内燃机车辆使用从生物质资源提取或生产出来的甲醇、乙醇、液态氢等能源时，有利于生态修复和环境保护，具有经济、社会和环境保护的多重效益。

总体来说，生物质也具有分布不够集中、能量密度相对较小、热值量相对较低和成分相对复杂等缺点，但是生物质作为一种利用前景非常广阔的清洁能源，具有产量非常丰富和可再生的显著优点，必将在人类社会的未来获得较大的发展。

二、国外生物质能的开发利用

生物质能源是仅次于石油、煤炭和天然气的第四大能源。2004 年，世界生物质能源消耗量达到 1176Mtoe（百万吨油当量），占世界一次能源消费量的 10%；发展中国家生物质能消费占世界生物质能消费总量的 82.7%。生物质能的重要战略地位及终端能源消费产品需求的高品质趋势使得生物质能开发利用研究成为各国政府、科学家密切关注的对象和世界重点研究课题之一。许多国家制定了相应的开发和研究计划，如日本的"阳光计划"、美国的"能源农场"、印度的"绿色能源工程"和巴西的"酒精能源计划"等，其他一些国家如丹麦、荷兰、德国、法国、芬兰等也对生物质能技术进行了深入的研究，拥有了具有自主知识产权的关键技术。

美国国家科学院在《1985—2010 年的能源转变》报告中已经明确指出，到 2010 年，大规模生物质转化所获得的能量将是 1985 年能源总需求的 20 倍，生物质动力工业在美国是仅次于水电的第二大可再生能源工业。美国在 1992 年制定了《能源政策法案》，确定了 2000 年用非石油燃料替代 10% 的发动机燃料。美国是研究生物柴油最早的国家。2002 年就明确提出生物柴油消费量要比 2001 年消费的 4.73 万吨增加 4%。为了降低生物燃料的生产成本，并拥有生物燃料商品化的技术，2007 年，美国的预算将能源部的植物原料和农业废料的研究经费增加了 65%，达到 1.5 亿美元。美国还提出 2025 年至 2030 年之间，将实现生物燃油替代 25%～30% 的石油。

欧盟非常重视生物质能的开发和利用。1993 年，欧盟生物质能开发和利用已经占整个可再生能源的 59.6%。1997 年，欧盟发布的《欧盟战略和行动白皮书》提出可再生能源在总能源消耗中的比例要由 1997 年的 6% 提高到 2010 年的 12%，其中，生物质能要达到 2 亿吨标准煤。

巴西从 50 多年前就开始了生物柴油技术相关的研究，并在 20 世纪 80

年代拥有注册的技术专利，主要是利用大豆、棕榈油、葵花油等原料，加工生产生物柴油，其可以添加在普通柴油中，作为卡车和柴油发电机的动力燃料。

在亚洲，日本是一个能源消耗大、机械耗能品种多、石化能源少的国家。日本已经于 2002 年在内阁会议上通过了《日本生物质综合战略》，把发展生物质能源特别是生物质柴油的循环生产和使用提到了国家生产的重要日程。在印度，2006 年政府批准了"全国生物燃烧发展计划"，投资总额 140 亿卢布，其任务是在全国铁路两旁等闲荒地大面积示范种植麻风树等非食用油料作物或植物，扩大全国生物燃料植物资源，开发生物柴油。

三、国内生物质能的开发利用

（一）我国生物质能资源状况

我国是农业大国，也是林业大国，生物质资源非常丰富，具有开发利用生物质能的良好自然和地理条件。我国农作物播种面积约为 15 亿亩，年产生物质量约为 7 亿吨，除了部分作为造纸原料和畜牧饲料以外，剩余部分都可以作为燃料使用。根据相关统计，可作为燃料的生物质占到生物质总量的一半以上。目前除了部分作为农村的生活燃料外，大都在田间地头白白烧掉，这种燃烧方式既浪费资源同时又污染环境。此外，农产品加工废弃物，包括稻壳、玉米芯、花生壳、甘蔗渣和棉籽壳等，也都是非常重要的生物质资源。

我国现有森林面积为 1.75 亿公顷，森林覆盖率为 18.21%，具有各类林木资源量 200 亿吨以上。每年通过正常的灌木平茬复壮、森林抚育间伐、果树绿篱修剪以及收集森林采伐、造材、加工剩余物等，可获得生物质总量约 8 到 10 亿吨。另外，全国有 4600 多万公顷宜林地，还有约 1 亿公顷不宜发展农业的废弃土地资源，可以结合生态建设种植能源植物。随着我国植树造林面积的扩大和森林覆盖率的提高，生物质资源将会进一步增加。预计到 2020 年，全国每年可以获得生物质能约 20 亿吨。

目前，我国生猪、牛羊和家禽等畜禽养殖业粪便排放量约为每年 18 亿吨，实际排出污水总量约为 200 亿吨，可以生产沼气约为 500 亿立方米；全国工业企业每年排放的可以转化为沼气资源的有机废水和废渣约为 25 亿立方米，可以生产沼气约为 100 亿立方米；全国每年城市垃圾量为 1.3 亿吨，今后随着我国城市化进程的进一步加快，城市垃圾量还会快速增加，预计到 2020 年，全国每年城市垃圾将达到 2 亿吨以上。

因此说，我国生物质资源非常丰富，特别是在我国许多偏远的农村地区，生物质能源仍主要是生活能源。但是传统的低效的利用方式使得利用技术比较低，资源浪费现象严重。据估算，我国生物质能每年可以转化为能源的潜力，近期约为 5 亿吨标准煤，远期超过 5 亿吨标准煤。同时，加上荒山、荒坡种植的各种能源林，资源潜力在 15 亿吨标准煤以上。

（二）我国生物质能资源开发利用现状

我国对生物质能的开发和利用非常重视，颁布了《可再生能源法》《可再生能源发展指导目录》《可再生能源发电有关管理规定》《可再生能源发电价格和费用分摊管理实行办法》和《可再生能源发展专项资金管理暂行办法》《关于发展生物质能源和生物化工财税扶持政策的实施意见》等办法和相关的配套办法、规章，制定了 20 多项农村沼气、秸秆综合利用和燃料乙醇等国家及行业标准。自 20 世纪 80 年代以来，我国政府就一直将生物质能技术的研究与应用列为重点科技攻关项目，已经列入"中国阳光计划"的项目有生物质裂解气化、炭化、液化技术等。

目前，我国沼气、生物质气化、燃料乙醇及生物柴油等生物质开发技术已经具备商业化的条件。沼气是我国应用最早、推广最为广泛的能源之一。1997 年颁布的《节约能源法》、2005 年颁布的《可再生能源法》和《畜牧法》都明确强调要加强农村沼气建设，同时把农村沼气建设列入了《中国 21 世纪议程》《国民经济和社会发展中长期规划》和《可再生能源中长期发展规划》，并提出到 2010 年年底实现农村沼气用户规模大约 4000 万户和 2020 年在农村适宜地区基本普及农村沼气的基本目标。

我国生物质气化技术的开发研究和应用也得到广泛的重视，生物质气化已经开始进入了应用阶段，特别是秸秆气化技术日益成熟，已经进入了商品化应用阶段，取得了可喜的成绩。我国从 20 世纪末开始发展生物燃料乙醇，近年来中国生物乙醇和生物柴油等产业不断发展。2006 年 1 月 1 日正式实施了《可再生能源法》，提出了"国家鼓励清洁、高效地开发和利用生物质燃料、鼓励发展能源作物"。生物柴油作为一种优质的生物液体燃料，是我国生物质能产业的一个发展方向。目前，我国生物柴油尚处于实验研究及小规模生产与应用的起步阶段。

（三）我国生物质能资源开发利用的意义

生物质能在我国分布广泛，是重要的再生能源，从技术上说可以转化为高效的固体、液体和气体燃料，用于替代煤炭、石油和天然气等燃料。因此，在我国石油、天然气等传统的化石能源相对十分短缺的情况下，开发和利用生物质能，对于维护我国能源安全、优化我国能源结构、促进农村和农业发展、实现我国经济与社会的可持续发展都具有十分重要的意义。

首先，加大生物质能的开发和利用，是维护我国能源安全、调整能源供应结构、缓解能源资源供应矛盾的重要的战略性举措。我国是一个以煤为主要能源的国家，石油和天然气十分短缺，目前石油消费对外依存度已经达到 40%，煤炭大量开采和消费所产生的环境问题越来越严重。2004 年我国能源消费为19.7 亿吨标准煤，随着经济的不断发展和人们生活水平的提高，我国能源消费量将逐渐增长，预计到 2020 年能源消费总量将超过 30 亿吨标准煤，到2050 年可能要达到 50 亿吨标准煤以上，因此，能源资源问题和能源环境问题将是我国经济社会发展面临的最重要的问题。因此，开发可利用的可再生能源是解决我国经济发展能源问题的战略选择。这将对维护我国能源安全、保障我国能源自给率、改善我国能源供应结构，保证我国经济社会可持续发展发挥重要的作用。如果生物质能利用量能够达到 5 亿吨标准煤，就可以解决目前能源消耗总量的四分之一。虽然生物质能在燃烧的过程中也释放出二氧化碳，但由于生物质在生长过程中长时间要吸收二氧化碳，从总量上看，生物质能利用对于环境的影响几乎是中性的，对于环境保护有一定的好处，因此说，充分和有效地利用生物质能资源是解决我国能源问题的重要措施。

其次，加大生物质能的开发和利用，是促进农村经济的发展，增加农民收入，解决"三农"问题的有效途径。生物质资源主要分布在我国的广大农村和山区，充分利用生物质能资源是解决农村能源问题、促进我国农村经济发展、有效解决三农问题的重要措施之一。生物质能，特别是农作物秸秆，主要集中在广大的农村地区，无论是用于发电还是生产液体燃料，都是废物利用，可以大幅度提高农业生产的附加值，有效增加农民收入。另外，还可以将荒山、坡地承包给农民种植能源林，通过出售能源植物增加收入。过去种植灌木林主要是生态效益，经济效益不明显，致使农民种植的积极性不够高。如果能源生产企业能够与农户签订收购合同，由能源生产企业以合理的价格收购农民种植的能源林，用于生产高效能源，这必将会大大地调动广大农民的积极性，切实增加农民的收入。

根据初步计算，每万千瓦的生物质发电机，每年需要燃烧生物质6万吨。如果2020年生物质发电实现3000万千瓦的装机总容量，不考虑带动相关设备制造业的发展，仅生物质发电所需燃料大约需要农林废弃物2亿吨，这样每年可为农民带来直接收入400亿元；2020年生物液体燃料实现1200万吨的生产能力，在不与民争粮、不与粮争地的原则下，需要开垦8000万亩荒废与边际土地，农民通过种植、收获和出售生产液体燃料所需的生物质原料，保守估计每年可增加收入400亿元。仅生物质发电和生物质燃料两项，农民就可以增加收入800亿元。

第三，加大生物质能的开发和利用，是减少温室气体排放、保护自然环境、实现可持续发展的重要措施。长期以来，我国以煤炭为主的能源结构和粗放型的增长方式已经对环境造成了很大的破坏。目前，我国的二氧化硫排放量居世界第一位，二氧化碳排放量仅次于美国排在世界第二位。特别值得关注的是，目前我国的酸雨面积已经超过国土面积的三分之一。据估算，酸雨造成的经济损失占到GDP的2%。随着我国能源消耗总量的增加，我国的生态修复和环境保护难度越来越大，因此，我们在能源发展过程中，必须兼顾安全性、经济性、清洁性和可持续性的要求。生物质能属于洁净能源，生物质中有害成分仅为煤炭的十分之一左右。同时，生物质二氧化碳的排放和吸收构成自然界的碳循环，其能源利用可以实现二氧化碳零排放。生物质与煤混合燃烧，还可以显著降低二氧化硫排放。另外，垃圾发电、有机废弃物生产沼气发电，可以减少城乡有机废物的污染，改善城乡生活环境。所以加大生物质能的开发和利用，对于提高能源利用效率、减少温室气体排放、修复自然生态、保护自然环境、实现经济社会的可持续发展都具有的重要作用。

如果再加上沙漠种植沙棘等生物质经济作物，将不仅会增加生物质资源，同时也为改善沙漠环境，有效保护现有耕地，逐渐降低沙漠面积，最终成功治理和开发利用沙漠提供了保障。因此，生物质能的利用，不仅可以增加农民收入，有效地解决三农问题，同时也是我国实现"节能减排"目标和我国经济社会的可持续发展战略，以及全面落实建设"资源节约型和环境友好型"战略方针的重要内容，更在广义上为建设中国特色的生态文明提供了可靠的现实依据。

四、生物质能利用技术

目前，国内外已有的生物质能利用技术归纳起来有沼气技术、直接燃烧技术、热化学转换技术、生物炼制技术、生物燃料电池技术等。

（一）沼气技术

沼气是有机物质在厌氧条件下，经过微生物发酵作用而生成的以甲烷为主的可燃性气体。通过厌氧发酵将人畜禽粪便、秸秆、农业有机废弃物、农副产品加工的有机废水、工业废水、城市污水和垃圾、水生植物和藻类等有机物质转化为沼气，是一种利用生物质制取清洁能源的有效途径，同时又使得废弃物得到有效的处理，有利于农业生态建设和生态环境保护。

目前，世界上许多国家已经把沼气开发列入国家能源战略。我国是世界上沼气利用开展得最好的国家，沼气利用技术已经相当成熟，主要有农村家用沼气池、大中型沼气工程和生活污水净化沼气池等，目前已经进入商业化应用阶段。沼气发酵可以综合利用有机废物和农作物秸秆，对水资源和土壤等再生资源化具有良好的促进作用。近年来，沼气生产和污水处理耦合的研究成为新的研究热点。由于沼气生产和污水处理耦合，可以同时获得能源生产与环境治理的双重效益，从而使得新型沼气生产技术具有更加美好的应用前景。例如，通过种植水葫芦治理污水，同时充分利用太阳能的光合作用吸收二氧化碳进一步净化空气。水葫芦生长迅速，在适宜的温度下其倍增周期为 7 天左右，碳氮比为 25～30，是一种理想的沼气原料，与动物排泄物混合可以进行厌氧发酵生产沼气。这样不仅可以有效地治理了水污染，同时又合理地利用了水葫芦和动物排泄物等，使之变废为宝，产生多重效益。

沼气除了炉灶燃烧利用以外，沼气燃烧发电技术日益受到国内外的重视。沼气燃烧发电是随着沼气综合利用的不断发展而出现的一项沼气利用技术。它将沼气用于装有综合发电装置的发动机上，以产生电能和热能，这是有效利用沼气的一种重要方式。沼气发电工程本身提供清洁能源，是解决环境问题的重要工程，它的运行不仅解决沼气工程中的一些主要的环境问题，而且由于其产生大量电能和热能，又使得沼气的综合应用有了广泛的前景。

沼气技术的减排效果是非常明显的：一般大型沼气工程规模的产气量为 1000～2000 立方米/日，中型沼气工程规模的产气量为 500～1000 立方米/日，平均每年产气量分别可达 50 万立方米和 25 万立方米，相当于替代煤炭约

1000 吨和 500 吨，可减少二氧化碳排放量分别为 1800 吨/年和 900 吨/年；小型用户沼气技术具有处理有机污染物、保护环境、促进农业生态良性循环、生产清洁能源和实现废弃物资源化综合利用等多重功能，已经在我国得到了较好的推广。

用户沼气池对温室气体减排的影响主要表现在 3 个方面：一是能源替代。一个用户 8 立方米的沼气池可以年产沼气 400 立方米以上，满足农户 8～12 个月的炊事用能，取代农村传统的秸秆、柴薪等生物质燃料，还可以节省煤的燃烧，据估算，每年可以替代 1.5 吨标准煤；二是粪便管理的效果，可避免禽畜粪便产生的甲烷气体直接排放；三是增加碳汇。使用沼气减少了薪柴的消耗，有效地保护林木的生长，相当于增加了吸收二氧化碳的碳汇。据统计，一口沼气池可以保护林木约 0.1 公顷。虽然单个沼气池的减排量较小，但是我国沼气池的数量庞大，减排总量相当可观。

（二）生物质直接燃烧技术

生物质直接燃烧大致可以分为灶炉燃烧、锅炉燃烧、垃圾焚烧、固型燃料燃烧、燃烧发电/热点联产以及与煤的混合燃烧等。

灶炉燃烧是生物质最原始的利用方法，也是我国目前生物质利用的主要方法。我国民用炉灶主要用来炊事和供暖，秸秆、薪柴等生物质资源至今仍是广大农村生活燃料的主要来源之一。在中国的产煤地区及周边地区，生活燃料以煤为主，以秸秆、薪柴等作为补充。民用炊事炉具得到了广泛的应用，但是在我国东西部地区差异很大。在西部地区，由于燃烧方式落后，燃料在燃烧过程中产生了大量危害人体健康的污染物，如焦油、烟灰、烟气、一氧化碳和二氧化硫等，而且燃料消耗量也相对比较大。

为了提高农村室内空气质量，提高热利用率，自 20 世纪 80 年代以来，农业部就已经在中国广大农村推广新式的省柴灶台。我国先后也颁布了关于省柴灶台、节煤灶、炕连灶和取暖炉灶设计及测试等一系列的国家标准，使得民用灶具生产步入了规范化和法制化的轨道。

锅炉燃烧采用现代化锅炉技术，包括层燃技术、流化床技术和悬浮燃烧技术等三种形式，适合于生物质大规模利用，主要用于工业过程、区域供热、发电及热电联产等，效率高而且可以实现工业化生产。

层燃技术包括固定床、移动炉排、旋转炉排和下饲式等多种种类，可适用于含水较高、颗粒尺寸变化较大、灰分含量较高的生物质，投资和操作成本较低，一般额定功率为 20 兆瓦。而下饲式层燃技术作为低廉和简单的技术，广泛应用于中小型系统，具有简单、易于操作和控制等特点，适用于含灰量较低和颗粒尺寸较小的生物质，可在低负荷状态下运行。

垃圾焚烧技术就是采用锅炉技术处理垃圾。焚烧方法在减量化、资源化等方面有着无可比拟的优势。美国早在 1979 年就开始采用垃圾直接发电。我国一些用地紧张、垃圾处理量大的城市，如北京、上海、深圳等地也得到了较快的发展。但是垃圾焚烧所产生的飞灰会带来新的环境问题，尤其是其中的重金属和二噁英，都是剧毒性物质。对这些二次污染物的处理，不但能在一定程度上促进垃圾焚烧技术的应用和发展，而且可以在无害化的基础上实现焚烧飞灰的资源化。因此，如何安全有效地处理焚烧灰尘，已经成为迫在眉睫的环境和社会问题。熔融技术是近年来新兴的飞灰处理技术，与水泥固化等方法相比，熔融处理技术的无害化程度相对彻底、产品稳定性高、运行费用适中、减量显著，并可以将飞灰转化为无毒、稳定的熔渣作为路基和混凝土等建筑材料使用。

由于生物质分布量大而且面积广，加之质地松散，堆积密度小，导致不易收集和运输，燃烧组织比较困难，所以，我国规模化利用生物质还有一定的障碍。目前，我国尤其是广大农村，一方面是能源短缺，另一方面是优质清洁生物质能源大量被闲置、浪费、露天焚烧。因此，为了解决生物质储存、运输及利用效率问题，生物质成型材料燃烧技术在我国得到了迅速发展，并被广泛用于工农业生产和生活的各个方面。

国外从 20 世纪 30 年代开始研究生物质成型燃料技术。目前，国外生物质成型技术的主要方式有 4 种，即颗粒成型机、螺杆连续挤压成型机、机械驱动冲压式成型机和液压驱动冲压式成型机，生产原料以木屑等林业废弃物为主。国外生物质成型燃料技术已经相当的成熟，而且生物质成型燃料的生产从原料的收集到加工、应用都实现了工厂化，燃烧技术也得到了相应的发展。国外成型燃料的用途多是家庭采暖和热水供应，以及少数特殊用途，很少用于发电。

总体来说，生物质成型燃料原料来源丰富，是清洁的可再生能源。其生产过程采用物理加工处理方法，利用生物质燃料的同时不会对环境造成二次污染，同时解决了农村秸秆堆积、焚烧所带来的污染问题。生物质燃料作为煤炭的替代品，用于热电联产，能够更好地发挥其环保、清洁、廉价、可再生的优势。

生物质燃烧发电时将生物质与过量的空气在锅炉中燃烧，产生的热烟气和锅炉的热交换部件换热，产生高温高压蒸汽在燃气轮机中膨胀做功发出电能。在生物质燃烧发电过程中，一般要将原料进行处理，在进行燃烧以提高燃烧效率。目前的生物质燃料技术基本成熟，已经进入推广阶段。这种技术具有规模效应，单位投资也较合理，但它要求生物质集中，数量巨大。世界各国的实践表明，发展能源阶梯利用的小型热电冷联产是合理、高效地利用能源的最佳手段，对于改善环境、降低燃料成本都是很好的选择。

可再生能源应用的低效率、高成本及高风险使生物质能在能源市场上的竞争处于不利地位。生物质与煤的混合燃烧技术在现阶段是一种低成本、低风险可再生能源利用方案，可替代常规能源，减少二氧化碳、氮氧化合物以及二氧化硫的排放；同时建立生物质燃料市场，可以促进地方经济的发展，提供大量的就业机会。

（三）生物质热分解转化技术

热分解转换技术也称为热化学转换技术，它是通过热化学反应的方式将生物质大分子物质分解成较小分子的燃料物质的技术方法。生物质热分解转换技术以其转换速度快、产品能量密度高、燃烧清洁、适合大规模商品化生产研发而成为各国科研机构研究的重点。根据产物的不同，热分解技术一般分为干馏炭化、热解气化、热解液化等。

生物质干馏炭化技术是在完全无氧或只提供极有限氧的情况下，对生物质进行加热分解而取得多种产品的方法。干馏炭化过程主要分为干燥、预炭化、炭化和煅烧等4个阶段，其产物有固体炭、生物油和可燃气体。干馏炭化属于吸热反应，通常需要提供热源以使得反应顺利进行。按照供热方式，可将干馏技术分为外热式和内热式两种。

干馏炭化技术开发历史悠久。其产品也已经广泛应用于各个行业，并逐渐向高科技领域渗透。它在国民经济中的地位也将越来越重要，但是，与发达国家相比，国内炭化技术的基础研究和应用研究都有很大的差距，炭产品生产存在着高能耗、污染严重、无工艺标准、质量低和品种少的一些问题。因此，我国炭化技术的发展要向资源节约、高效清洁、工艺标准、生产清洁、产品高级化、品种多样化的方向发展。充分利用我国生物质资源尤其是各种农林废弃物作为炭化的资源，节约木材资源；积极开发应用新技术，进一步降低能耗，同时回收副产品；优化生产工艺和原料利用，针对产品用途选择最适合的工艺和原料如脱炭的生产，可以利用糠醛废渣作为原料，有助于降低成本并获得脱硫效果好的炭；加强基础研究，积极开发各种特殊用途产品。

生物质技术是通过热化学反应将固态或液态生物质转化为气体燃料的技术。在反应过程中，游离氧或结合氧与燃料中的炭发生热化学反应，产生可燃气体。生物质气化反应过程主要由氧化、还原、裂解和干燥等环节构成，反应条件不同会发生不同的气化反应。按照气化介质的不同，可将生物质气化分为氧气气化、空气气化、水蒸气气化、水蒸气—氧气混合气气化和氢气气化等；按照设备的运行方式，可将生物质气化分为固定床气化和流气床气化。

生物质气化发电技术是生物质通过热化学转化为气体燃料，将净化后的气体燃料直接送入锅炉、内燃发电机、燃气机的燃烧室中燃烧来发电。气化发电一般包括三个过程：一是生物质气化，在气化炉中把固体生物质转化为气体燃料；二是气体净化，气化出来的燃气都含有一定的杂质，包括灰分、焦炭和焦油等，需经过净化系统把杂质除去，以保证燃气发电设备的正常运行；三是燃气发电，利用燃气轮机或内燃机进行发电，有的工艺为了提高发电效率，发电过程可以增加余热锅炉和蒸汽轮机。

生物质热解液化技术是在传统裂解的基础上发展起来的一种技术，目的是尽可能地增加液体产物。这一技术的关键是使生物质达到更快的升温速率、相应的超短接触时间、快速反应终止技术等可控的热解条件。生物质裂解液化技术被认为是最具发展潜力的生物质利用技术之一。生物质液体燃料具有易于加工处理、贮存、运输、容易用于热和电的场合等优势，已经得到国际上的广泛关注与认同。发达国家的生物柴油正在形成产业。

总体来说，干馏、气化和液化三种工艺分别以生产木炭、生产燃气和生产热解油为目的。干馏技术同时产生生物质炭和燃气，可以把能量密度低的生物质转化为热值较高的固定炭和气。但其利用率较低，且只适用于木质生物质的特殊利用；生物质热解气化是通过生物质机体中的大分子结构在高温下分解、断裂或重整产生轻质可燃气体燃料，不仅有效地提高了利用率，而且用途广泛。但气化系统复杂，生成的燃气必须有配套的利用设施；生物质液化是将固体生物质转化为液体燃料，分为直接液化、间接液化和热裂解三种。液化技术可以把生物质制成油品燃料以替代石油产品，但是目前其技术复杂，成本仍然较高。

（四）生物质炼制技术

生物质炼制技术是开拓创新型技术，即采用多联产技术，实现生物质的高效和综合利用的目标,是生产能源、材料与化工产品的新型工业化模式。工业生物技术是生物炼制技术的核心部分,也是人类生物技术发展历史上继医药生物技术、农业生物技术之后的第三次浪潮,其发展的目标是解决人类社会当前面临的日益严峻的能源和资源危机、环境保护与生态修复等关乎人类前途和命运的重要问题。世界经合组织也指出,"工业生物技术是工业可持续发展最有希望的技术。"工业生物技术的中心任务是利用可再生的生物质资源为原料生产人类社会经济发展所需要的生物质能源和生物质产品。它不仅仅是人类未来取代煤炭、石油等传统的化石能源的主要物质生产方式,同时也是真正实现循环经济、减排二氧化碳等温室气体的最重要的途径,并可以有效促进能源农业和能源林业的大规模发展,将有效地绿化荒山荒地,在很大程度上改善日益恶化的生态环境。

我国目前拥有 16 亿亩耕地,6 亿亩南方草山和草坡,按照目前优质杂交水稻的生产潜力计算,可以生产的生物质总量达到 60 亿吨每年,而利用其加工生产液体燃料、化学用品,可以替代大约 30 亿吨标准煤。如果能够利用工业生物技术实现生物质的高效利用,中国必将走出一条通往绿色生态化的现代化之路,实现中国特色的绿色工业化发展。

从目前工业生物技术的发展现状来看,主要有三大特点:

第一,工业生物技术与农业生物技术已经形成紧密联盟。以工业带动农业是我国实现建设社会主义新农村、形成区域性工业化的基础。以农业和林业生产的大量生物质原料为基础,提供能源、材料、食品,将构成人类新型文明——生态文明的物质基础,这既是人类文明发展的理性回归,也是人类社会实现可持续发展的必由之路。

第二,工业生物技术与现代工业文明充分接轨。工业生物技术与现代工业技术的新组合,特别是和化学化工技术的组合,可以迅速转化为社会生产力,形成化工发展的新领域——生物质化工。这种接轨与融合既有利于人类社会的工业化进程,同时也促进了人类生物技术与传统化学工业技术的融合,使得化学工业发展生物技术化、工业生物技术化工化,并在两者互化的过程中相互取长补短、共同发展,形成一个相互促进、相互影响的一体化产业链,最终实现人类社会的可持续发展。

第三,工业生物技术的快速发展促成了工业加工方式的一场重大革命。从资源集中的加工方式转变为利用分散的生物质资源,特别是微生物,以其特有的生长迅速、扩散快、培养成本低等特点,在工业生物技术中具有重要的作用，也促成了工业加工方式的一场重大的革命。

工业生物技术的产品工程是生物经济的具体体现，也是工业生物技术在社会经济建设中的具体应用。其中，利用生物能源技术生产生物能源的产品工程是工业生物技术应用的重要类型之一。清洁可再生生物能源的开发和利用是公众关注的焦点之一。其中，生物质具有资源量大、相对集中、能量品位高的特点，因此正是当前大力发展生物质能的关键时期。目前，人类社会已经形成成熟开发技术的生物质能源的主要形式包括生物质制氢、燃料乙醇、生物柴油等。

第一，生物质制氢技术。生物制氢技术是利用微生物在常温常压下进行酶催化反应制取氢气的过程。早在 19 世纪，人们就已经认识到某些细菌和藻类生物具有产生分子氢的特性。到目前为止，已经研究报道的产氢生物类群包括了光合生物（厌氧光合细菌、蓝细菌和绿藻）、非光合生物（严格厌氧细菌、兼性厌氧细菌和好氧细菌）和古细菌类群。

氢能不仅是最洁净的能源，同时可以利用氢气进行重油与煤的加氢制得新的油料，而其在燃料电池上也具有十分重要的用途。生物质气化通过热化学方式将生物质转化为高品位的气体燃料或合成气，其中氢气含量最高可达 70%，然后通过变压吸附、分离、纯化，得到高纯度的氢气。理论上 1 千克的生物质可以产生 165 克氢气，与电解水、光电子转化制氢等技术相比，生物质气化制氢是生产氢气的速度最快、最经济实用的方法。生物质气化是所有生物质热化学加工中开发最早、最接近生产规模的技术，可以替代煤炭气化制氢。目前生物质气化制氢的重要研究方向是高效催化剂的设计和制备、无焦油气化工艺、氢气分离膜、新型高效氢气分离纯化方法、氢气储存于加注站系统、高性能氢燃料电池等。以绿藻等生物制氢的研究也是目前研究的热点之一，特别适合于高湿的生物质原料，重要研究方向为微生物代谢调控和产氢的机制。

关于氢能的发展前途，许多科学家认为，氢能在 21 世纪将有可能成为世界能源舞台一种重要的二次能源。国际氢能研究在 20 世纪 90 年代以来也受到特别的重视。美国早在 1990 年就通过了氢能研究与发展、示范法案，并启动了一系列的氢能研究项目。1993 年日本通产省启动了 WE－NET 项目，到 2020 年计划投入 30 亿美元开发氢能系统的关键技术。

第二，燃料乙醇技术。燃料乙醇技术就是利用工业生物技术使生物质发酵转化为乙醇，以制取液体燃料乙醇的相关工艺。利用这种生物技术可以使生物质转化为清洁燃料，其用途大为拓宽，效率明显提高，但是其缺点是转换速度太慢，基础投资较大，成本回收期相对较长，总体成本相对较高。燃料乙醇是目前应用最广泛、比较理想的替代汽油的生物燃料，已经在一些国家和地区得到广泛的应用。目前燃料乙醇的重要研究方向主要包括：开发利用纤维素、菊芋、木薯、玉米等多种原料生产乙醇工艺，重点开发秸秆或木质纤维类物质替代粮食资源生产燃料乙醇的工艺，开展农作物秸秆预处理技术、纤维水解酶的固态发酵技术、同步水解发酵技术、半纤维混合糖液的分离和综合利用技术等。

第三，生物柴油技术。生物柴油是脂肪酸与低碳醇在催化剂存在的条件下，发生酯化反应，形成脂肪酸甲脂或乙脂，以替代传统的不可再生的柴油作为燃料。生物柴油环境友好，无需对现有柴油发动机进行任何的改装即可使用，且对发动机具有保护作用。目前世界上生物柴油产业迅速发展，欧盟、美国、加拿大、巴西、日本、澳大利亚等国都在积极发展这项产业。

生物柴油的生产方法主要有酸催化、碱催化、酶催化和超临界甲脂化等工艺。目前，生物柴油的重要研究方向为研发适应不同原料特点的低成本生物柴油工艺，使得生物柴油生产成本可以与化石柴油相竞争。在众多生物柴油的生产方法中，值得关注的一个问题是如何以低值废弃植物油脚料为原料，通过生物炼制生产生物柴油，同时联产高附加值植物甾醇、单体酸、二聚酸及异硬脂酸等油脂化工产品。通过植物油脚料炼制生物柴油，联产高值油脂化工产品，可以大大降低生物柴油的生产成本，提高生物柴油的竞争力，加速实现生物柴油的产业化进程。我国立足于自产原料大规模生产替代液体燃料——生物柴油，对于增强我国石油供应安全以及实现节能减排的环境目标都具有重要的战略意义。

另外，把生物质能发电与太阳能发电相结合，形成新型的生物质能与太阳能联合发电系统，也具有很广阔的应用前景和良好的商业价值。太阳能与风能具有典型的随机性和不稳定性的缺点，必须从科学技术层面发展利用这些不稳定资源的相关技术，也是应对后化石经济时代工业技术新挑战的方法。建立生物质气化与抛物面槽式太阳能热联合发电系统，在太阳能充足时，以太阳能发电为主，生物质气化发电为辅；在太阳能不足时，以生物质气化发电为主。这样的系统避免了单一太阳能发电系统发电的不稳定性，减少电力储存、调峰所需的装备，具有非常良好的应用前景。目前，生物质与太阳能联用的主要研究方向为高效生物质气化炉设计制造、无焦油气化工艺及高效催化剂、微小型燃气内燃机、太阳能真空集热管设计与制造技术、太阳能槽式发电系统设计与优化、配电调峰系统，从而形成稳定供电的新型、高效、实用的分布式能源系统。

实际上，发展工业生物技术，既要注意原始创新，也要注意集成创新，把工业技术和生物技术集成起来发展，充分重视学科的交叉与技术的集成，产生新的工业生物技术。同时也要注意加大国际合作，进行新技术的合作与引进技术的消化、吸收和再创新。目前我国国家层面上的产学研体系还未完全建成，而产学研是目前科技创新体系中的桥梁，建立以企业为核心、高等院校与科研院所共同发展的创新发展模式，必将推动产学研体系的快速发展。

（五）生物燃料电池技术

燃料电池是一种将存在于燃料与氧化剂中的化学能直接转化为电能的发电装置。燃料电池十分复杂，涉及化学热力学、电化学、电催化、材料科学、电力系统及自动控制等学科的相关理论，具有发电效率高、环境污染少等一系列优点。燃料电池是直接将燃料的化学能转化为电能，中间不经过燃烧过程，因而不受卡诺循环的限制。燃料电池的硫氧化合物、氮氧化合物以及噪音排放都非常低，二氧化碳的排放量也因能量转化率提高而大幅度降低。燃料电池的模块及安装非常灵活，燃料电池电站占地面积小、建设周期短，电站功率可以根据需要由电池堆组装，非常便于操作。燃料电池无论是作为集中电站还是分布式电站，或作为小区、工厂、大型建筑的独立电站都非常适合。另外，燃料电池在数秒内就可以从低功率变换到额定功率，而且电厂距离负荷可以很近，从而改善了地区频率偏移和电压波动，降低了现有变电设备和电流载波容量，减少了输变电线路的固定投资和远距离输电的线路损失。总体上说，燃料电池是一种把燃料和电池两种概念结合在一起的装置。它是一种电池但不需要昂贵的金属，而只需要用便宜的燃料来进行化学反应。这些燃料的化学能只需通过一个步骤就可以转变为电能，比通常通过两步方式的能量损失减少了很多。

生物燃料电池是燃料电池中特殊的一类，它可以利用生物催化剂将化学能转变为电能，除了在理论上具有很高的能量转化率外，还有其他燃料电池所不具有的特殊优点：生物燃料电池原料来源广泛，能利用一般燃料电池所不能利用的多种有机物、无机物作为燃料；操作条件温和，一般是在常温、常压和接近中性的环境中工作；电池维护成本低，安全性能较好；具有生物相容性，利用人体内的葡萄糖和氧气为原料的生物燃料电池甚至可以植入人体，作为心脏起搏器等人造器官的电源。

生物燃料电池按照其工作方式分为微生物燃料电池和酶生物燃料电池。其中微生物燃料电池是利用整个微生物细胞作为燃料，依靠合适的电子传递媒介在生物组分和电极之间进行有效的电子传递；酶生物燃料电池则是先将酶从生物体系中提取出来，然后利用其活性在阳极催化燃料分子氧化，同时加速阴极氧的还原。

生物燃料电池自身潜在的优势使人们看到了它广阔的发展前景，但是由于其输出功率密度比较小，目前还不能满足实际应用的需要，仍无法作为电源应用于实际的生活和生产中。尽管生物燃料电池距离实际应用还有一些距离，但是在近二十多年以来，生物技术的巨大进步为生物燃料电池研究也提供了巨大的物质、技术和知识的储备。随着社会科技的不断发展和对于新能源需求发展的不断扩大，生物燃料电池技术有望在不远的将来取得重要进展，并将作为一种绿色和环保的新能源，在替代传统的化石能源、生物医学等应用领域得到不断地拓展。

人类为了获得持久的能源供应和保护自然生态环境，在近一段时间以来已经大力发展了新能源相关技术。作为一种新能源、燃料电池发电技术正在引起各国科学家的注意并已经处于积极地开发研制阶段。到目前为止，燃料电池在研制和开发应用方面均已取得了长足的发展。作为一种清洁、高效而且性能稳定的电源技术，燃料电池已经在航空航天领域得到了成功的应用，现在世界各国都在加速其在民用领域的商业开发。而使用微生物电池处理污水，一方面可以为微生物燃料电池提供一个新的研究方向，另一方面也为处理污水，将无用资源转变为可产生能量的有用资源提供了全新的发展方向。同时，微生物燃料电池将污水中可降解有机物的化学能转化为电能，不仅处理了水体污染而且变废为宝，实现了污水处理的可持续发展。

五、生物质能发展前景分析

目前，生物质资源的开发规模还远远低于其开发潜力，制约生物质能利用的主要因素有经济性、技术性、品位差和室内污染等。在农村生活燃料的供应中，传统的生物质直接燃烧方式由于不够卫生、收集耗时等原因，所占比例已经在逐渐下降，在经济发达的地区已经基本为化石燃料所代替。而通过生物质能转化技术获得的优质能源生产成本普遍偏高，和化石能源产品竞争处于不利地位，因而目前还未被消费者所接受。

生物质能的开发必须解决两个关键性障碍：一个是降低生物质能的成本。

因为只有生物质能产品的价格低于市场同类型的化石能源价格，它才会被消费者所选择和接受；二是利用生物质能，特别是发展能源作物。不能对生态环境产生不利的影响，更不能对粮食安全构成威胁。因此，我国在"不与人争粮，不与农民争地"的原则下，充分利用农林等有机废弃物和低质土地种植抗逆性强的能源植物（如在沙漠地区种植沙棘等），使得我国生物质能的发展前景较为广阔。

总体来看，各种生物质能利用技术虽然处于不同的发展阶段，但均具有清洁、高效和绿色环保的特点，而且根据生物质能未来的发展趋势，针对不同的技术可采取不同的对策。第一，对于比较成熟的技术如沼气技术、生物质直接燃烧技术，在扩大规模、提高运行效率的前提下，积极改进新技术，进一步降低成本，普及生物质能的利用范围。第二，对于处于初步商业化的技术如燃料乙醇技术与小规模生物质气化技术，大力发展生物燃料产业，利用荒山、荒坡以及盐碱地等土地资源，稳步发展甜高粱、甘蔗和木薯等非粮食能源作物，充分利用木质纤维资源，建设生物质燃料原料基地，扩大生物质燃料的生产规模，发挥化石能源的替代作用。第三，对于处于示范阶段的技术，应该积极改进，提高热效率，稳步推进生物质直接燃烧发电和气化发电，实行热电联产，尽可能地向偏远的农村、山区实行区域供电、供气和供热。第四，对于处于研发阶段的技术如生物柴油、生物燃料电池等技术，应该积极试点发展生物柴油等生物液体燃料，加大研发试点力度，建立以木本油料植物为主的生物柴油原料基地，加快生物柴油产业的发展步伐，使其尽快成为主要的化石能源替代产品。

第七节　太阳能开发利用技术

太阳能作为一种可再生的新能源，具有清洁、环保、持续、长久的优势，成为人们应对全球范围的能源短缺与发展危机、温室效应与生态破坏环境污染的重要选择之一。早在 2007 年 11 月 7 日，联合国政府间的气候变化专门委员会通过的第四次报告中就已经明确地指出："为了抑制全球变暖，今后 20～30 年的努力与投资非常重要。"作为消减温室气体的第一大候选能源——太阳能的开发和利用越来越受到世人的强烈关注。我国的太阳能资源非常丰富，三分之二以上的地区年日照时数都超过 2000 小时，太阳能一年的理论储量高达 1.7 万亿吨标准煤。因此，充分发展太阳能开发和利用相关技术，对于我国解决二氧化碳的减排问题和实现我国能源供应的转型，以及建设中国特色的生态文明都具有十分重要的意义。

一、太阳能资源的特点

太阳能既是一次能源又是可再生能源，同时也是一种取之不尽用之不竭的洁净的能源，是人类得以生存和发展的最基础的能源形势。从现代科技的发展来看，太阳能开发和利用技术的进步有可能决定着人类未来的生活方式。

太阳能是太阳内部连续不断的核聚变反应产生的能量。尽管太阳辐射到地球表面的能量仅为其总能量的二十二亿分之一，但已经高达 1.73×10^{18} 亿瓦，也即太阳每秒钟照射到地球上的能量相当于 500 万吨的标准煤。从广义上说，太阳能的范围非常广，既包括地球上的风能、水能、海洋温差能、波浪能和生物质能以及部分潮汐能，也包括地球上的煤炭、石油、天然气等化石燃料，因为从根本上说，化石能源是远古以来贮存下来的太阳能。从狭义上讲，太阳能则仅限于太阳辐射的光能、光电和光化学的直接转化。

太阳能有其显著的优点：太阳能是人类可以利用的最丰富的能源。据估算，在过去的 11 亿年中，太阳仅仅消耗了它自身能量的 2% 左右，可以说太阳能是取之不尽、用之不竭的能源；太阳能分布广泛，可以就地开发，不存在运输问题，尤其是对于交通不便的偏远乡村、深山地区、远陆海岛等地方的能源供应更具有利用价值，有时候在某种意义上说则是解决这些地方能源供应和经济发展问题的关键所在；太阳能的产生机理决定了其是一种洁净能源，在开发和利用的时候，一般不会产生废渣、废水、废弃等污染，同时也没有噪音，更不会影响生态的平衡，具有优越的环保性能。

但是太阳能也存在着一些不足：首先是其分散性，分散性是指太阳能的能源密度相对较低。在晴朗白昼的正午，在垂直于太阳方向的地面上每平方米所接受的能量平均只有 1 千瓦左右，而要想满足使用的要求，往往就需要相当大的采光面积，从而使设备占地面积大、使用材料多、结构相当复杂、成本大幅增加，因此会影响其推广和应用；其次是随机性，随机性主要是指达到某一地面的太阳直射辐射能，由于受到季节、气候、天气状况和地理位置等诸多因素的影响较大，从而也给太阳能的大规模使用带来不少的麻烦；第三就是间歇性，间歇性是指到达某一地面的太阳辐射能，随着昼夜的交替和季节的轮回而周期性变化，这就使得大多数太阳能设备在太阳光照射不足或没有太阳光照射的情况下无法工作，为了解决夜间没有太阳直接辐射、散射辐射也很微弱的问题，就需要研究和配备储能设备，以便在晴天时把太阳能收集并储存起来，以供夜晚或阴雨天使用。

二、太阳能利用现状

目前，国际上有关太阳能的开发和利用已经成为一个热点，经过多年的努力，太阳能技术已经有了长足的发展，太阳能领域已经由原来的生活热水、建筑采暖延伸到工农业生产的诸多方面。

（一）国外太阳能开发利用现状

国外太阳能的开发和利用日益广泛，主要是太阳能热利用与太阳能发电等相关领域。

第一，太阳能热利用情况。在太阳能热利用方面，太阳能热水器及热水系统得到了较为普遍的应用，其中希腊、以色列等国以太阳能热水器为主供应生活热水和洗浴热水，部分地区也为建筑供暖；在美国，太阳能热水器主要是用于游泳池的加热。根据国际能源机构的报告数据显示，在 2005 年全球太阳能热水利用的装机容量已经达到了 115 吉瓦热功率，产能达到了 68 太吉瓦热功率。从全球能源供应的数据来看，太阳能热利用的贡献仅次于风能，远高于光伏发电。

第二，太阳能发电情况。为了减缓全球变暖，保护环境和实现可持续发展，在世界各国政府的大力支持下，太阳能发电技术得到了快速的发展。太阳能发电主要包括太阳能热发电和太阳能光伏发电等形式。首先，太阳能热发电主要是指聚光类太阳能热发电，是利用聚光集热器将太阳能辐射能转化为热能并通过热力循环持续发电的技术。20 世纪 80 年代以来，美国、德国、意大利、俄罗斯等国积极开展了相关的研究和开发工作，相继建立了塔式系统、槽式系统和碟式系统等不同形式的示范装置。槽式系统已经在 20 世纪 90 年代初期实现了商业化，其他两种技术目前属于商业化的示范阶段，有巨大的应用前景，这有力地促进了太阳能热发电技术的发展。其次是通过太阳能电池，将太阳辐射能转化为电能的发电系统，即太阳能光伏发电系统。目前太阳能光伏发电系统上广泛使用的光电转换器件是晶体硅太阳能电池，生产工艺成熟，已经进入了产业化生产，并且得到了迅速发展。

（二）国内太阳能开发利用现状

我国地处北半球，南北距离和东西距离都在 5000 公里以上，因此在我国辽阔的土地上，有着丰富的太阳能资源，有着巨大的太阳能开发潜能和美好的发展前景。20 世纪 80 年代，为了结合各地不同条件更好地利用我国的太阳能资源，我国科研人员根据各个地区接受太阳总辐射量的多少，将全国拥有太阳能资源的地区划分五类：第一类地区为我国太阳能资源最为丰富的地区，年辐射总量 6680～8400MJ/m²，相当于日辐射量 5.1～6.4kWH/m²。这些地区包括宁夏北部、甘肃北部、新疆东部、青海西部和西藏西部等地。第二类为我国太阳能资源较为丰富的地区，年辐射总量 5850～6680MJ/m²，相当于日辐射量 4.5～5.1kWH/m²。这些地区包括河北西北部、山西北部、内蒙古南部、宁夏南部、甘肃中部、青海东部、西藏东南部和新疆南部等地。第三类为我国太阳能资源中等类型的地区，年辐射总量 5000～5850MJ/m²，相当于日辐射量 3.8～4.5kWH/m²。这些地区包括山东、河南、河北东南部、山西南部、新疆北部、吉林、辽宁、云南、山西北部、甘肃东南部、广东南部、福建南部、苏北、皖北等地。第四类为我国太阳能资源较差的地区，年辐射总量 4200～5000MJ/m²，相当于日辐射量 3.2～3.8kWH/m²。这些地区包括湖南、湖北、广西、江西、浙江、福建北部、广东北部、陕西南部、江苏南部、皖南地区以及黑龙江和中国台湾东北部等地。第五类为我国太阳能资源较差的地区，年辐射总量 3350～4200MJ/m²，相当于日辐射量 2.5～3.2kWH/m²。这些地区包括四川和贵州两省，是我国太阳能资源最少的地区。[①]

我国的太阳能开发和利用主要包括太阳能热利用和太阳能发电两个方面。

第一，太阳能热利用。太阳能热利用是可再生能源技术领域内商业化程度最高，推广应用最为普遍、最现实、最有前途、最有可能替代化石能源消耗的太阳能利用方式和技术之一。我国太阳能热利用工程主要包括太阳热水、太阳房、太阳灶、采暖与空调、制冷、太阳能干燥、海水淡化和工业用热等领域。我国太阳能热水器的生产和应用开始于 20 世纪 70 年代后期，开始以平板式和闷晒式为主，生产规模较小、技术水平较低。20 世纪 80 年代中期，我国引进加拿大铜铝复合吸热板制造技术，并自行研制成功铝阳极化电解着色选择性涂层，使得我国平板集热器产品质量跨上一个新台阶，太阳能热水器产业开始进

① 中国科学技术信息研究所. 能源技术领域分析报告（2008）[R]. 北京：科学技术文献出版社，2008：193.

入以现代化生产手段制造国产优质平板集热器的历史新阶段。80 年代后期，我国开始研制高性能的真空管集热器。20 世纪 90 年代真空管集热器的出现，真正地推动了我国太阳能光热转换的应用，尤其是太阳能热水器行业已经初步形成了原料加工、生产、制造和销售、安装服务相配套的产业化体系，太阳能热水器工业逐步走向成熟，技术不断改进、产品不断提高，几种热水器的国家标准的颁布与实施，市场需求和竞争都促进了太阳能热水器产业的迅速发展。

第二，太阳能光伏发电。我国于 1958 开始研究光伏电池，1971 年首次成功地应用于我国发射的东方红 2 号卫星上，1973 年开始将光伏电池用于地面。中国光伏电池工业在 20 世纪 80 年代以前处于雏形期，太阳能电池的年产量一直徘徊在 10Kwp 以下，价格也很昂贵。在国际市场和国内政策的拉动下，我国已经成为世界三大光伏电池生产国之一，而且电池的效率达到了 21%。按照这个发展趋势计算，预计到 2016 年，我国就有可能成为世界第一或第二大光伏电池国家。但是，我们必须清醒地认识到，一方面，我国太阳能光伏产业的硅材料主要依靠进口，特别是多晶硅原料严重依靠进口。另一方面，我国太阳能产业的核心技术、制造装备主要在国外，尽管我国太阳能发明专利数量增长了三倍，但是我国太阳能利用技术专利仅占世界太阳能专利的 8%。我国 90% 的光伏产品都出口到欧美和日本等国外市场。国内对太阳能光伏的应用也主要集中在农村电气化和离网型太阳能光伏产品，真正并网型太阳能光伏市场目前还远未形成。[①]

总体上说，我国太阳能利用既取得了一定的成绩，但也存在一些亟待解决的问题，随着可再生能源相关法律的贯彻与实施，我国将普及安装使用太阳能热水器。在条件允许的地区，逐步推动新建民用住宅、国家投资建设的公共建筑，以及旅馆等商业机构扩大安装太阳能热水器；另外，在具备优良资源和经济发展条件的中心城市开展光伏屋顶计划；在西藏、内蒙古、甘肃等地选择合适地点建设兆千瓦级并网光伏电站示范项目；同时，在内蒙古、西藏、甘肃或北京等地附近的开阔地，选择合适的地点建立千万瓦级太阳能热发电试验电站。

三、太阳能利用技术

（一）太阳能光热转换技术

太阳能热利用具有广阔的应用领域，但最终可以归纳为太阳能热发电和建

① 中国科学技术信息研究所. 能源技术领域分析报告（2008）[R]. 北京：科学技术文献出版社，2008：205.

筑用能两大类，包括采暖、空调和热水。当前太阳能热利用最活跃并已商业化的技术主要包括太阳能照明系统、太阳能户用热水器；属于研发与项目示范阶段的技术主要包括太阳能集中供热系统、太阳能空调系统等；属于研发阶段的技术主要是零能耗太阳能综合建筑技术。

首先是太阳能集中供热系统。太阳能集中供热系统又称为区域太阳能供热系统，该系统由太阳集热器系统、热水收集及输送系统、储热系统、辅助供热系统、中心和分户自动控制热交换系统组成。通过较大面积的集热器在夏季将太阳能转化为热能，并将之储存在大型的储热设备中，以供冬季部分或全部采暖所需热量，从而达到全年经济有效地利用太阳能。欧洲在 20 世纪 80 年代开始研究太阳能集中供热系统。目前，大规模太阳能集中供热系统工程大多数建立在中欧及北欧，主要分布在瑞典、丹麦、荷兰、德国、奥地利等。近年来国外采用全面能源概念来评估某项建筑节能方面新技术新工艺的经济性，即通过最低的额外费用支出来达到最大限度降低化石能源的消耗以及降低二氧化碳的排放量。全面能源概念强调尽可能有效地采取建筑保温措施，合理地进行能源的转换和供应，积极利用太阳能等新能源。小规模的太阳能热利用投入产出比没有优势，但由于其初期投入费用比较低，故而用途最为广泛。实现全面能源概念的关键是要从项目的立项就开始，地方政府、设计师及项目的组织者之间就需要通盘考虑和达成共识。

其次是太阳能制冷空调系统。在太阳能热利用领域，人们不仅可以利用这部分热能提供热水和供暖，而且还可以利用这部分热能提供空调制冷。从节能和环保的角度考虑，用太阳能替代或部分替代常规化石能源驱动空调系统，正在日益受到各国的重视，世界各国都在加紧进行太阳能制冷技术的研究，并主要集中在吸收式制冷技术范围，而且目前国际上对吸收式制冷技术的研究已经具有比较成熟的技术。据调查，已经或者正在建立太阳能空调系统的国家和地区有意大利、西班牙、德国、美国、日本、韩国、新加坡和中国香港等地，这是由于经济发达地区的空调能耗在全年民用能耗中比发展中国家占有更大的比重。因此，利用太阳能进行空调制冷，对于节约常规能源、保护自然生态环境都具有十分重要的意义。日本作为世界空调制冷领域技术领先的国家，除了在现有制冷设备的基础上提高其利用效率以外，对于太阳能开发应用尤为重视。近年来已经建成了一大批以太阳能节能技术为主导的技能型大楼。根据相关的报道，美国科罗拉多州太阳能研究所研制成功一种可以取代空调装置的建筑材料，这种材料里面含有聚醇化合物，当室温超过设定的温度，墙壁会自动吸热，达到制冷效果；反之，则放热，达到取暖的效果，其临界温度由材料中所含的聚醇化合物的多少决定。用这种建筑材料建造的房屋具有吸收太阳能和自动调节温度的作用。

太阳能制冷的工作原理从理论上讲可以通过太阳能光热转换制冷和太阳能光电转换制冷两种途径来得以实现。太阳能光热转换制冷，首先是将太阳能转换为热能或机械能，再利用热能或机械能作为外界的补偿，使系统达到并维持所需的低温；太阳能光电转化制冷，首先是通过太阳能电池将太阳能转换为电能，再用电能常规的压缩式制冷剂。在目前太阳能电池成本较高的情况下，太阳能光电转换制冷系统的成本比太阳能光热转换制冷系统的成本高出许多倍，目前尚难以推广应用。

虽然太阳能空调没有温室气体排放，可以显著地减少常规能源的消耗，大幅度降低运行费用，但由于太阳能集热器在整个太阳能空调系统中占有比较高的比例，造成太阳能空调系统的初始投资偏高，加之空调在全年的应用时间一般只有几个月，因此单纯太阳能空调系统显然是不经济的。但是一些太阳能空调系统除了夏季提供空调制冷以外，还可以在冬季提供采暖以及全年的生活热水，这样一来就大大地提高了太阳能空调系统的利用率，从而使太阳能空调具备较好的经济性。考虑到节能减排和可持续发展的要求，太阳能空调系统还是具有良好的发展前景的。

第三是零能耗太阳能综合建筑技术。从全球的范围看，节能和环保已经是当今世界建筑业的两大主题，太阳能与建筑结合已经成为经济和社会可持续发展的必然趋势。利用太阳能供电、供热、制冷、照明，建成太阳能综合利用建筑物，已经是国际太阳能学术界研究的热门课题，也是太阳能利用的一个新的发展方向。

太阳能建筑的发展大体可以分为三个阶段：第一阶段为被动式太阳房，它是一种完全通过建筑结构、朝向、布局以及相关材料的应用进行集取、储存和分配太阳能的建筑。第二阶段为主动式太阳房，它是一种以太阳能集热器与风机、泵、散热器等组成的太阳能采暖系统或者吸收式制冷机组成的太阳能空调及供热系统的建筑。第三阶段是加上太阳能电池的应用，为建筑物提供采暖、空调、照明和用电，完全能够满足这些要求的则被称为"零能房屋"。这种建筑完全由太阳能光电转换装置提供建筑物所需要的全部能源消耗，真正做到清洁、无污染，代表了 21 世纪太阳能建筑的发展趋势。由于许多国家都制定了太阳能在国家总能源消耗中所占比例应超过 20％的计划，相信"零能房屋"

将会随着太阳能综合建筑技术的进步而具有十分美好的发展前景。

美国、德国、法国等发达国家都拥有相当先进的太阳能建筑应用技术，在太阳能产品的产业化、商业化、建材化等方面也取得了可喜的成果，并且已经建成这种全部依靠太阳能的示范建筑物。美国在大力开发利用太阳能光热发电、光伏发电、太阳能建材化、太阳能建筑一体化和产品化等方面处于世界领先水平。我国对太阳能建筑的研究和应用还停留在第一阶段。太阳能空调及热力系统的成功，为第二阶段的主动式太阳房创造了条件。近年来，我国科研机构和企业积极从事零能耗太阳能综合建筑技术的研究、探讨和开发利用，在我国发展第三阶段的太阳能建筑综合技术已经具备一定的经济基础。随着太阳能电池不断地提高效率、降低成本，以及《可再生能源法》的颁布与实施，都为零能耗太阳能建筑的发展扫清了障碍，同时提供了保障，因此，零能耗太阳能建筑是具有广阔发展前景的。

（二）太阳能光电转换技术

太阳能光电转换技术是将太阳能转化为电力的技术，其核心是可释放电子的半导体物质。最常用的半导体就是硅，而地壳中硅元素储量丰富，可以说是取之不尽、用之不竭的。太阳能光伏发电技术始于 20 世纪 50 年代。随着全球能源形势的日趋紧张，太阳能光伏发电作为一种可持续的能源替代方式，于近些年得到了迅速的发展，并首先在一些太阳能资源丰富的国家如德国和日本，得到了大面积的推广和应用。在国际市场和国内政策的推动下，中国的光伏产业也逐渐兴起，并迅速成为后起之秀。目前的太阳能光伏发电成本较高，但是从长远来看，随着技术的不断进步，以及其他能源利用形式的不断饱和，太阳能可以在 2030 年以后成为主流的能源利用形势，有着巨大的发展潜力。

第一，太阳能交通工具。将太阳能变为电能，并成为交通工具动力的来源是人类利用太阳能的一条重要途径。从太阳能汽车、太阳能列车、太阳能飞机到人造卫星和一些其他人造航天飞行器，其动力均来自于太阳能电池板。

早在 20 世纪 50 年代，人类就制成了第一个光电池。把光电池安装在汽车上，用它将太阳能直接转变为电能，使汽车运动起来，这就是新兴起的太阳能汽车。这种汽车的核心技术就是太阳能电池板。20 世纪 70 年代后半期到 80 年代的前半期，太阳能汽车在实验室诞生。太阳能汽车不仅节能减排，而且即使在高速行驶的时候噪音也很小。2007 年在上海举行的"2007 全球清洁能源汽车挑战赛"上，参展商推出以太阳能作为动力的太阳能汽车。太阳能汽车已经引起了人们的极大兴趣，并将在今后得到迅速的发展，这也为光电池在汽车上的应用开辟了广阔的前景。

2005 年 10 月，意大利全国铁路公司在罗马推出了自行研制成功并生产的太阳能列车样车。太阳能列车具有诸多的优点，其中最主要的就是可以大大减少空气中温室气体的排放。太阳能列车的运行原理是，利用安装在每节车厢顶部的太阳能电池板，向列车的空调、照明及安全设施系统提供能量，但是由于太阳能光电转换的比率较小，所以，它目前还无法代替列车机头发电机提供动力。但是，这一创新技术为未来列车朝着节能、清洁和无污染的方向发展扫清了道路。

太阳能交通信号灯是太阳能在交通领域的重要应用之一，它是利用太阳能，靠阳光的能量保证信号灯的正常使用。太阳能交通信号灯既节电又环保，安装时还不需要铺设电缆，信号灯具有蓄电功能，可保证 10 天正常工作。太阳能照明产品的特点是摆脱了电缆线的约束，能够任意安装在太阳可以照射到的路段。

第二，并网型太阳能光伏发电系统。并网型太阳能光伏发电系统就是太阳能光伏发电系统与常规电网相连，实现并网发电，共同承担供电任务。这是并网型太阳能光伏发电进入大规模商业化应用的必由之路。并网型太阳能光伏发电系统可以分为集中式大型并网型太阳能光伏发电系统和分散式小型并网型太阳能光伏发电系统。

并网型太阳能光伏发电系统具有一些显著的优点。首先是利用清洁干净、可再生的太阳能资源发电，没有温室气体和污染物的排放。有利于生态环境的保护和经济社会的可持续发展。其次是所发电能能馈入电网，以电网为储能装置，省掉了蓄电池，比独立太阳能光伏发电系统的建设节省投资约 35%～45%，从而使得发电成本大为降低，同时，省掉了蓄电池并可以提高系统的平均无故障时间和蓄电池的二次污染。再次，光伏电池组件与建筑物完美结合，既可以发电又能作为建筑物材料和装饰材料，使得物质资源充分发挥多种功能，不仅有利于降低建设费用，而且提升建筑物的科技含量。第四，并网型太阳能光伏发电系统可以实现分布式建设，就近就地分散发电供电，进入和退出电网灵活，既有利于增强电力系统抵御战争和灾害的能力，又有利于改善电力系统的负载平衡，并可以降低输电线路的损耗。

第三，太阳能光伏海水淡化系统。人类利用太阳能淡化海水的历史由来已久。但早期的太阳能海水淡化技术主要是利用太阳能进行蒸馏，所以早期的太阳能海水淡化装置一般都称为太阳能蒸馏器。随着光伏发电技术的不断进步，太阳能光伏海水淡化系统在日本已经得到应用。我国太阳能海水淡化技术的研究与发展分别经历了 20 世纪 80 年代和 90 年代初期的起步阶段、20 世纪 90 年代的发展进步阶段和 20 世纪 90 年代末到目前的快速发展阶段，目前对太阳能海水淡化的研究已经从早期的太阳能蒸馏海水淡化技术研究发展到太阳能光伏海水淡化技术的研究，并已经先后制造出不同类型的淡化装置，这对于解决沿海地区淡水资源缺乏，保障沿海海地区经济社会的可持续发展具有重大的现实意义和战略意义。总之，随着太阳能光电技术的不断完善和用户的增多，太阳能光伏海水淡化的成本会逐渐降低，这对于沙漠、海岛等交通不便的地区具有明显的优势，为全球大规模利用海水提取淡水的工程提供了可靠的技术保障。

第四，太阳能热发电系统。太阳能热发电就是利用聚光集热器把太阳能聚集起来，将某种工质加热到数百摄氏度的高温以后，经过热交换器产生高温和高压的过热蒸汽，驱动汽轮机并带动发电机发电。从汽轮机出来的蒸汽，其压力和温度均已大为降低，经过冷凝器结成液体以后并重新回到热交换器又开始新的循环。由于整个发电系统的热源来自于太阳能，因此称之为太阳能热发电系统。可见，太阳能热发电系统与传统的火力发电系统的原理基本相同，其根本区别在于热源不同，后者以煤炭、石油、天然气等传统的化石能源为热源，而前者以太阳能为热源，因此具有明显的环境综合效益。

太阳能热发电系统由集热子系统、热传输子系统、蓄热与热交换子系统和发电子系统组成。世界上现有的太阳能热发电系统大致分为槽式线聚焦系统、塔式系统和碟式系统等三种。目前，只有槽式线聚焦系统进入了商业化的阶段，其他两种则均处于示范阶段，但是其商业化前景非常好。而且，太阳能热发电系统既可以单独运行，也可以安装成与常规燃料混合运行的混合发电系统。

四、太阳能利用技术发展趋势

虽然目前太阳能发电仅占可再生能源发电的 3.2%，太阳能供热仅占生物质供热的 35%，但是近年来太阳能技术与产业的发展迅速，平均年增长率达到了 30% 左右，预期在 40～50 年后太阳能将在新能源体系和能源经济中占据全新的地位。综合分析，太阳能相关产业的发展将会有以下几个趋势：[①]

①　中国科学技术信息研究所. 能源技术领域分析报告（2008）[R]. 北京：科学技术文献出版社，2008：225～226.

第一,太阳能利用技术的种类不断增加,利用范围不断扩大,增长速度不断加快,直接影响人类的工作、学习和生活。太阳能利用技术随着人类科技的不断进步而日新月异:从分布式太阳能热水器、太阳能灶等供热技术,到集中式大型太阳能热发电、光伏发电等技术;从太阳能空调技术到太阳能汽车、太阳能列车、太阳能飞机和人造地球卫星等交通工具;从离网发电技术到并网发电技术;从太阳能蒸馏海水淡化技术到太阳能反渗透海水淡化技术。太阳能利用技术的范围已经从传统的单一家庭取热发展到大规模集中小区供暖、工业生产用热与用电、海水淡化等不同的领域。

第二,太阳能利用技术的转化率不断提高。以太阳能电池为例,单晶硅电池的试验室效率已经从 20 世纪 50 年代的 6％提高到目前的 24.7％。多晶硅电池的实验室效率也达到了 20.3％。目前商业化单晶硅电池的效率达到 14％～20％。

第三,太阳能利用技术的开发成本不断降低,产业化速度不断加快,促进了太阳能利用的推广和普及。太阳能热水器之所以在我国得到了很快的发展,与其成本的不断降低密不可分。新型太阳能光伏发电系统不仅节省投资,大大地降低了投资成本,而且拥有不受天气影响的智能纠错系统和超低能耗跟踪能力;具有超强的野外适应能力,能够抗台风、沙尘暴、冰雹、雨雪等各种恶劣天气;可以更方便地维护和更换,根除了旧式发电系统的热岛效应,从而为太阳能光伏发电开辟了一个经济、高效、安全、环保的全新途径。

第四,太阳能技术与其他技术出现了交叉、综合、集成化的趋势。例如,太阳能光伏组件的集热部件与建筑技术、材料技术的交叉与结合,促使太阳能装置的布局与建筑美学的和谐统一,使得零能耗建筑的诞生成为可能,它是在节能建筑的基础上依靠太阳能的"能源自给"型建筑。太阳能建筑与在已建成的建筑上添加太阳能装置相比,由于减少了太阳能装置安装成本和由集热器和光伏组件替代了屋顶和墙体等建筑材料,相当于节约了太阳能装置造价的三分之一。

第五,太阳能利用技术得到世界各国的普遍关注,相关的配套法律、法规、政策等不断完善。国际经验表明,政策扶持是光伏产业发展的最主要驱动力,政府的政策导向将决定光伏产业的发展水准和市场需求。目前已经有 50 多个国家通过立法,采取设备购置税补贴政策等不同的方式推进可再生能源的发展。

第八节　碳捕获与封存技术

全球经济的发展需要能源来支持，能源的燃烧与利用造成二氧化碳的排放，这被认为是全球气候变暖及温室效应的主要原因。因此，控制二氧化碳的排放量，对排放的二氧化碳的捕获、封存、利用及再资源化，已经成为世界各国特别是发达国家十分关注的问题，对于深绿色的生态文明建设具有重要的现实意义。

一、二氧化碳概述

二氧化碳可能来自于天然的二氧化碳气藏，也可能来自于各种炉气、尾气、副产气，来源不同，其具体的含量也不尽相同。二氧化碳的主要来源是化工产业的副产气，其他来自于窑炉的化石能源的燃烧。

二氧化碳本身既是资源，又是引起地球温度变暖的原因，世界各国的工业化进程使得二氧化碳浓度剧增，而限制其排放则必然影响工业发展。因此，兼顾工业发展和生态环境保护，综合治理和利用二氧化碳已经引起了世界各国政府、科学家、企业家的关注。近年来，国外专家、学者和企业进行了广泛的开拓研究与应用，已经取得了一定的进展。而二氧化碳作为资源，在人类的经济生活中有重要作用，而且不同形态的二氧化碳，其作用也不尽相同。

（一）液体二氧化碳和干冰

第一，1989 年，意大利 COMAS 公司改二氧化碳液体浸渍工艺为对烟丝均匀喷洒干冰的工艺，对减少二氧化碳的消耗、热能的消耗及烟丝的造碎都有良好的效果。近年来烟丝膨胀技术发展很快，引起了烟草业的广泛关注，成为卷烟厂技术改造的重点。二氧化碳用于烟丝膨胀技术，可以提高烟丝质量，还可以节约烟丝 5％～6％，降低成本。

第二，代替氟氯烃用于塑料发泡剂。由于考虑到氟氯烃对于大气环境的破坏，世界范围内在 1999 年全面停止生产和使用氟氯烃，因此寻找其替代产品即顺理成章地成为世界各国有关科技工作者亟须攻关的课题，而二氧化碳就是其中一种很好的替代材料。美国道塑料公司多年来一直研究用 100％二氧化碳代替氟氯烃作为发泡剂，以生产聚苯乙烯泡沫塑料，该工艺专利已经在 1995 年 10 月先期获得。

第三，二氧化碳电弧焊。二氧化碳电弧焊与其他焊接方法相比，具有焊接成本低、生产效率高、焊接变形小和适用范围广等优点，是一种高效的节能工艺，值得在全世界范围内大力推广和应用。

第四，食品的冷藏和保鲜。干冰温度低，常压下为－78.5℃，干冰升华后不留湿，且升华的二氧化碳将食物与空气隔离，抑制细菌的繁殖。由于干冰制冷约为一般冰块的 1.8 倍，因此使用干冰制冷，冷藏等量的事物所需干冰的数量大大减少，能使得食品速冻和冷藏。干冰汽化后为二氧化碳，既不腐蚀金属包装又可以使得食物防腐保鲜。

第五，二氧化碳作为植物的气肥。二氧化碳可以作为覆盖植物的气肥，提高光合作用效率，使作物早熟，产量提高，品质改良。二氧化碳作为气肥，可以使部分作物增产 30% 左右。如在二氧化碳浓度高的地方，稻谷可增产 25%，在塑料薄膜大棚里的蔬菜增产近三倍。

第六，作为杀菌气。杀菌气是底气为二氧化碳或氟利昂－12 与环氧乙烷的混合物，用于医疗器械物品、皮毛、食品、文物、证券等消毒灭菌。二氧化碳作为杀菌气具有不燃不爆使用简便、可以彻底杀灭细菌、微生物、病毒、虫卵、芽孢等。

第七，液体二氧化碳及干冰的其他用途。液体二氧化碳还可以用于原皮保存剂；气雾剂、驱雾剂、驱虫剂；中和含碱污水；含氰废水解毒剂；作为水处理的离子交换再生剂。此外，干冰还用于人工降雨、消防灭火、轴承的装配、燃料生产、低温试验和粮食保存等。

（二）超临界二氧化碳

第一，食品工业——超临界萃取。在国外，工业上已经广泛地采用超临界二氧化碳来萃取咖啡豆中的咖啡因，效果良好，不仅工艺简单，而且选择性好，只除去咖啡因不影响咖啡质量，所萃取的咖啡因又可用于制造可乐。

第二，超临界清洗剂。美国超临界技术联合会的四家公司生产的超临界二氧化碳清洗设备，设备最大规格为 6 升，可以清洗除去 0.05Lm 的微小粒子，与水和溶剂的常规清洗相比，清洗费用降低一半，而且不污染环境。我国也进行了用超临界二氧化碳在皮革脱脂、脱灰处理中替代有机溶剂或碱基氯化铵的研究，以减少皮革行业的污染，且提高皮革的质量。

　　第三，石油助采剂。经过一次采油（自喷），二次采油（注水助采）后的衰老油井，可压入二氧化碳对残留在井下的石油进行三次开采。处于超临界的二氧化碳在高压下渗入底层的死角和边沿，增加了残油的流动性并使其驱向油井喷出地面，得以强化回收石油，提高采收率 7％～15％。提高采收率技术的发展极为迅速，使得全世界的石油产量提高了近一半。

　　第四，作为胶合板的防腐。美国俄勒冈州立大学森林产品系报道，用超临界二氧化碳将防腐剂注入了胶合板和其他复合材料中，防腐效果很好。

　　另外，超临界二氧化碳还可用于染色织物、干燥剂、反应促进剂、玻璃制造中的防裂剂和生产聚合剂等。

（三）以二氧化碳为原料生产化工产品

　　第一，无机化工产品。尿素可用作肥料、动物饲料、炸药等，生产原料为合成氨和二氧化碳，生产方法为合成氨和二氧化碳在 22Mpa 的条件下合成尿素。包括半循环法、溶液全循环法、二氧化碳气提法、氨气提法等。白炭黑即水合二氧化硅也是一种应用范围广、附加值高的精细化工产品，可用作橡胶补强剂、塑料填充剂、润滑剂和绝缘材料等。碳酸钡现在已经广泛地应用于光学玻璃制造、烟火、化妆品、瓷砖、陶瓷、搪瓷等。晶体碳酸钙主要用于牙膏、医药等方面，也可用作保温材料和其他化工原料。

　　第二，有机化工产品。水杨酸，主要用于医药工业，作多种药剂的中间体，以及食品的防腐剂、染料、香精工业的中间体，该产品在国内外均有较好的市场前景。双氰胺，主要用于制造酒石酸、柠檬酸、三聚氰胺等；染料工业用于制造固色剂、固色膏及固色粉；还用于作橡胶硫化促进剂、人造革填料及黏合剂等。

　　第三，处于研究开发的化工产品。包括生化法生产醋酸、合成甲醇、合成乙醇、二氧化碳转化为甲烷、二氧化碳与天然气合成烃类以及二氧化碳转化为一氧化碳等。

（四）二氧化碳的负面作用

　　二氧化碳既具有作为资源开发的巨大潜力和优势，同时也有其不可避免的一些负面影响。二氧化碳年排放量的不断增加，加剧了全球气候的变化，使得二氧化碳的负面影响日益受到世界的关注。

　　根据美国气象局的观测数据显示，空气中二氧化碳含量每 5 年就会提高

1.36%。按照目前二氧化碳的排放速度，到 21 世纪中叶，全球大气中的二氧化碳浓度将会是现在的两倍。这不仅造成二氧化碳资源的严重浪费，而且加剧了人类赖以生存的地球变暖化的倾向，从而对气候、生态、环境以及人类健康和人类的可持续发展等诸多方面都造成了不利的影响。

第一，根据预测，到 2030 年，大气层中二氧化碳含量将比现在的水平翻一番，致使全球平均温度上升 1.5℃～4.5℃。这将可能导致全球各个地区气候模式的改变，加剧灾变气候（如洪水、干旱、飓风等）的频度、强度和广度，改变区域降雨、蒸发的分布状况，使海平面上升，世界上一些岛屿和国家将被海水淹没，热带扩展、度热带、暖热带和寒带缩小，温带略有增加，引起地球生态系统的巨变。

第二，影响农业的种植决策、品种布局和品种改良、土地利用、农业投入和技术改进等，草原面积和森林面积的减少与荒漠面积的增加形成鲜明的对比，也造成了生物多样性的巨大破坏，进一步增加了人类和生存环境的巨大压力。

第三，二氧化碳可能导致包括人类在内的地球生物圈的适应性困难，从而会造成巨大的经济、社会、环境损失，甚至会由于全球的变暖、气候过度异常、自然灾害过度频繁以及淡水资源过度缺乏等导致一些政治运动和社会动荡，甚至是局部的或大面积的战争。根据相关的监测资料显示，20 世纪中期以来，天气异常现象发生的频率越来越高，由五六十年代的十几次，上升到 70 多次，增长了近 6 倍；各类自然灾害造成的经济损失由 50 年代的 40 亿美元骤升到 90 年代的 400 亿美元，天气异常事件导致的年均经济损失增长了 20 倍。而在 2008 年、2009 年和 2010 年，全世界范围内发生的火山、地震、海啸、洪水、飓风、暴雪等局部的自然灾害的发生频率已经远远超出了平均数量：2004 年，印尼海啸损失上百亿美元；2008 年，中国汶川地震经济损失 8451 亿元，遇难和失踪人数达到 8.7 万人；2010 年 1 月，海地地震造成 20 多万人死亡和 70 多亿美元的经济损失；2010 年 4 月，冰岛火山爆发造成整个欧洲空中交通瘫痪，经济损失不可估量。

二、国内外碳捕获、封存与利用现状

二氧化碳既是温室气体的主要来源，又是潜在的碳资源。无论是天然的二氧化碳，还是各种炉气、尾气和副产气，都必须进行捕集、分离回收和提纯后才能综合地加以利用，因此就涉及二氧化碳的捕获、封存与利用的相关技术。

　　二氧化碳捕获、封存与利用技术是指根据二氧化碳的不同来源，把已经存在或新产生后即将排放的二氧化碳气体收集起来，通过一定的工艺流程处理后或埋藏到地下，或输送到深海加以封存，或通过一定的途径与方法加以利用的相关技术，其目的是通过综合治理与利用，降低其对环境的影响，最终变废为宝，服务于人类的可持续发展。

　　（一）美国

　　美国是目前世界上二氧化碳年排放量最多的国家。2000 年比 1990 年增加了 11％，达到 1.63×10^9 吨。因此，美国已经投入大量的资金来研究和开发相关的技术。

　　美国等发达国家把控制二氧化碳向大气层排放量称为碳管理。碳管理的方案主要有：提高能源效率、开发低碳燃料、发展新能源以及碳捕获与收集等。随着现代科技的不断进步，前三个方案已经得到有效的发展，在一定程度上减缓了二氧化碳释放量增加的势头。但是，根据目前世界的能源结构和能源技术发展状况可以判断，至少在未来的几十年内，仅仅依靠前三方面的努力进行二氧化碳排放量的控制，其收效将是非常有限的。从长远的角度看，碳排放量必须开发碳捕获与收集的相关技术。

　　2003 年，美国启动了未来电力项目，投资十亿美元，目的是要示范接近二氧化碳零排放的整体煤气化联合循环发电 IGCC，发电容量 27.5 万千瓦，同时联产氢气，并进行二氧化碳的捕获和封存。未来电力项目主要是研究二氧化碳的分离及地质封存和利用，最终要创建世界上首家零排放燃煤电厂，成为世界最洁净的化石燃料电厂。[1]

　　美国能源技术实验室的碳减排计划的研究范围包括捕获与存储、地质与海洋的碳减量、二氧化碳转化与利用先进技术的模拟与分析等。其中捕获与存储研究目的是捕获源自化石能源燃烧过程与排放的高浓度二氧化碳，以降低成本与能源税。目前已在进行中的计划包括：一是高含氧量燃烧，进行高含氧量燃煤实厂模拟测试计划，可降低系统更低的成本；二是高热薄膜，制造出分离能力好的高温分子聚合物薄膜，主要用来分离温度范围为 100℃～400℃ 的二氧化碳、甲烷和氮气；三是选择性陶瓷薄膜，研发适合分离高温二氧化碳的选择性陶瓷薄膜。

---

[1]　中国科学技术信息研究所.能源技术领域分析报告（2008）[R].北京：科学技术文献出版社，2008：233.

美国在碳减量方面的技术突破包括：一是干燥再生吸附剂，使用可再生的钠盐类吸附剂捕集回收排放气中的二氧化碳。实验室已经初步测试，结果证明此项技术是可行的，还需要进一步评估经济方面的可行性，此项技术适合于所有传统的蒸汽发电厂；二是涡管，将溶剂与气体以高压注入管线中，可加强溶剂捕获气体。在实验室进行的研发工作包括液态二氧化碳吸收机制、溶剂再生要素、涡管尺寸比例等；三是二氧化碳水合物，在低温高压下将二氧化碳与水结合，形成二氧化碳水合物；四是薄膜反应器，是为在先进的石化过程中回收二氧化碳而研发的一种无机钯类薄膜装置，可将碳氢化合物燃料重组为氢气、二氧化碳混合物与分离出高价值氢气，再将此高价值氢气用于燃料电池发电系统或先进的涡轮发电机，而对前述的混合气体中占大部分的二氧化碳气体则以加压的方式回收；五是金属氧化物还原剂发电，研发使用气化煤或天然气还原技术吸附氧化剂，因而产生蒸汽与高压二氧化碳，再将热回收蒸汽产生器中的高浓度蒸汽，使用压力将二氧化碳减量，将金属氧化吸附剂置于第二反应槽中进行，被还原的金属在空气中回收时被氧化。

美国能源部 LANL 实验室研发一种新的高温聚合物分离薄膜，可作为分离及捕获工业制造过程中二氧化碳的排放，协助减少温室气体排放。美国康奈尔大学研究发现，利用可再生资源和二氧化碳可以制取塑料。目前，以二氧化碳为原料制取聚合物，还需要使用石油衍生物如环氧乙烷或环氧丙烷。新开发的聚碳酸柠檬脂，具有许多类似于苯乙烯的特性，同时具有生物降解性。美国密歇根大学开发的新技术，可采用简单的二氧化碳和植物油二组分溶液，在金属工作环境中润滑、冷却和清除碎屑。医药、干洗和食品行业都采用该技术作为替代溶剂，并有望应用于金属加工业。该技术目前尚处于初期研究阶段，反应过程还有待于进一步优化。美国 Powerspan 公司开发了一种基于氨的、被称为 ECO_2 的 CO_2 捕集技术，可使用含水氨（AA）溶液从电厂烟气中捕集 CO_2，这是该公司与美国能源部国家能源技术实验室共同研究的成果，并通过用于燃煤电厂实现商业化。另外，美国还利用盐碱地里的盐生植物吸收二氧化碳，并在墨西哥进行试验种植，利用二氧化碳生产单细胞蛋白是其在生物技术方面应用的典型例证。

（二）欧盟

德国的林德公司推出了 Fred Butler 干洗新方法，该方法是一种基于 CO_2 利用的洗涤技术。目前，绝大多数的干洗利用四氯乙烯溶剂，但是 Fred Butler 干洗新方法利用 CO_2 具有绿色环保的显著优点，把绿色化学引进了洗衣服务行业。法国液化气公司与道达尔公司进行技术合作，提供氧燃烧技术，在法国第一个二氧化碳捕集与封存设施中应用。丹麦政府也非常重视二氧化碳减排、捕集与封存利用相关技术。一方面，2007 年年初丹麦外交部与国能生物发电有限公司签署二氧化碳减排贸易协议，将购买国能公司单县项目 2007—2012 年的二氧化碳排放指标；另一方面，2006 年 3 月丹麦 Elsam 电力公司启动了一项计划，这是目前为止世界上最大的二氧化碳捕集计划之一。从根本上说，那就是一个大规模的试验，目的是研究如何改变电站有毒气体的排放方式，以便消除二氧化碳。英国一家咨询机构于 2007 年 7 月发布了《洁净煤的未来：新技术和法规对燃煤发电经济性的影响》报告，评述了新技术在短期、中期和长期内对燃煤发电的影响。其主要观点包括：为了降低二氧化碳排放，短期内（到 2020 年）可以通过使用基于临界核超临界粉煤技术的高效燃煤发电厂来满足需求；2020 年后，二氧化碳捕集与封存技术将进入市场，将建设实际上的零排放燃煤发电厂，发展进程将取决于温室气体控制方面的全球性协议；燃煤发电有望能与最好的可再生能源技术相竞争，甚至在扣除碳捕获技术成本后的经济性都很好。

（三）日本

日本于 2002 年开始实施一项新的二氧化碳固定化与再利用计划，将把政府的相关领域计划予以整合，提高计划执行率。涵盖了包括从先导性研究到实际应用或商业化上市阶段，目标包括二氧化碳分离、捕获、回收、减量、固化及再利用等。日本对二氧化碳加氢制取甲醇进行了大量的研究，如采用均匀成胶法制备的混合氧化剂，在高温下二氧化碳与氢气反应制取甲醇；日本大阪工业技术研究所已经成功地研制出了二氧化碳和氢气合成甲醇的新型催化剂。日本东北大学多久物质科学研究所和新日本制铁化学公司，也开发出以超临界二氧化碳作抽提分离溶剂的低温己内酰胺合成工艺。日本科研人员对利用微藻固定二氧化碳也进行了广泛的研究，得出结论为：藻类可在高温、高含量的二氧化碳环境下生长与繁殖，而且日本已经产业化了螺旋藻、小球藻等微藻。

（四）中国

我国实施可持续发展战略，在能源领域大力推进技术创新，提高能源效率，优化能源结构，这在客观上起到了减少二氧化碳排放的作用。中科院等单位也进行了一系列的二氧化碳聚合物与二氧化碳树脂方面的研究，并与企业合作建成了相关产品的生产线。中科院大连化学物理研究所的膜技术小组已经开发出重力分离与高效气液分离、多段三级预过滤、多段膜串并联等组合捕集二氧化碳的工艺流程，并通过流程模拟相关实验堆压力、温度及回收率等操作参数进行优化设计。新型气体膜分离技术，具有投资少、能耗低、设备紧凑、维修方便等优点，作为天然气净化处理和二氧化碳捕集、控制排放技术受到了普遍的关注。

三、碳捕获主要技术

根据不同的工艺流程，二氧化碳捕集、封存和利用技术也有不同的类型，具有不同的特点和适用范围。目前工业上捕集、回收二氧化碳的方法主要有溶剂吸收法、吸附法、低温蒸馏法、膜分离法以及这些方法之间的组合。[①]

（一）溶剂吸收法

溶剂吸收法可分为物理吸收法和化学吸收法。物理吸收法的关键是吸收剂必须对二氧化碳的溶解度大、选择性好、无腐蚀、性能稳定。目前，工业上常用的物理吸收法有 Fluor 法、Rectisol 法、Selexol 法等。物理吸收法的优点是在低温、高压下进行，吸收能力大，吸收剂用量少，吸收剂再生不需要加热，因而能耗低。但是由于二氧化碳在溶剂中的溶解度服从亨利定律，因此这种方法仅适用于二氧化碳分压较高的情况。化学吸收法是利用可与二氧化碳发生反应并且具有吸附性质的吸收液，对二氧化碳进行吸收、分离的方法。总体来说，溶剂吸收法适用于处理气体中二氧化碳含量较低的情况，其分离效果良好，可获得浓度高达 99.99％的二氧化碳。但是该工艺投资费用较大，能耗较高，分离回收成本较高。由于通常燃煤电厂烟道气中的二氧化碳浓度较低，故此吸收法尤其是化学吸收法应用非常广泛。

（二）吸附法

吸附法按吸附原理可分为变压吸附法、变温吸附法和变温变压吸附法。吸附法适用于二氧化碳含量小于 50％的气体，其常用的吸附剂有沸石、活性炭、

---

① 中国科学技术信息研究所. 能源技术领域分析报告（2008）［R］. 北京：科学技术文献出版社，2008：238～244.

分子筛，氧化铝凝胶等。

变压吸附法是基于固态吸附剂对原料中的二氧化碳的选择性吸附作用，在高压时候吸附，在低压时候解吸的方法。变压吸附法因工艺简单、设备投资小、能耗较低、适应能力强而得到国内外的广泛采用。而且，变压吸附法对原料气的适应性也很广，不需要复杂的预处理系统，无设备的腐蚀和环境的污染问题。但该法的缺点是其吸附容量有限，且需要大量的吸附剂，吸附解吸频繁，要求设备的动化程度较高。

变温吸附法是通过改变吸附剂的温度来进行吸附和解吸的，较低温度下吸收，较高温度下解吸。由于变温吸附法能耗较大，目前工业上较多采用变压吸附法。

总之，吸附法原料适应性广，没有设备腐蚀和环境污染，工艺过程相对简单，压力适应范围较广。同时可在常温下操作，省去加热和冷却的能耗，产品的纯度高，而且可以灵活调节，投资较小且操作费用低，维护简单且适应寿命长。但是由于吸附频繁，对自动化程度的要求较高，需要大量的吸附剂。

（三）低温蒸馏法

低温蒸馏法是利用二氧化碳与其他气体组分沸点的差异，通过低温液化、冷凝来分离二氧化碳的物理过程。一般是将烟气进行多次压缩和冷却，从而引起各气体的相变来达到分离烟气中二氧化碳的目的。低温蒸馏法对于高浓度二氧化碳的回收较为经济，适用于油田现场，主要用于提高原油的回收率。低温蒸馏法主要用于分离提纯油田伴生气中的二氧化碳，将其重新注入油井循环利用。从二氧化碳回收塔塔底得到的液体二氧化碳，经过泵加压以后，再次注入油井，提高原油产量，节省大量的能耗，而且能副产燃料气，供油田需要。低温蒸馏法由于投资庞大，分离效果较差，因而成本较高。目前，应用低温蒸馏法回收烟道中的二氧化碳还处于理论研究阶段。

（四）膜分离法

膜分离法是利用某些聚合材料制成的薄膜对不同气体的渗透率不同，当混合气体中的二氧化碳与其他组分透过膜材料时，膜两边存在压差，渗透率高的气体组分以很高的速率通过薄膜，形成渗透气流，渗透率低的气体则绝大部分在薄膜进气侧形成残留气流，两股气流分别引出从而实现二氧化碳与其他组分的分离，进而加以捕获的技术。因此，膜分离技术的驱动力是压差。分离二氧化碳的膜材料通常是乙酸纤维素、乙基纤维素、聚苯醚、聚乙烯、聚丙烯、聚酰胺等。另外，还有现在正在开发的如硅石、沸石、碳素膜等耐高温材料的无机膜。

采用固体膜分离气体面临着难以解决的矛盾：选择性高时通过率低，通过性高时选择性低。选择性差则需要多级操作，导致成本增加。渗透性意味着实际分离需要的薄膜面积很大。但某些气体分子在液体中具有较高的溶解度，而且在液体中的扩散系数也大于在固体中的扩散系数。因此，如果采用液体膜既可以使得通透性和选择性的矛盾得到较好的解决，又可以保留膜分离固有的特点，是一项很有发展前景的分离技术。分离气体一般使用隔膜型液膜，又称固定液体薄膜或支撑液膜，即利用不浸润微孔薄膜或其他微孔材料为支撑体形成的液膜来实现分离。分离时，只要经过薄膜的压力差不超过使液体穿过不浸润的支撑膜的孔所需的压力，薄膜就能保持完整。

迄今为止，已经在工业上应用的二氧化碳分离膜法捕集烟道气中的二氧化碳，目前还处于探索阶段。目前用于从烟道灰中回收二氧化碳的膜材料的选择性不够好，因此要使回收的二氧化碳达到理想的纯度，必须使用两级分离系统。但是两级分离系统使压缩气体所需要的能力大大增加，因而导致分离技术成本远远高于吸收法。在各种适合二氧化碳分离的膜材料中，聚酰亚胺类膜化学性质稳定、耐高温性能和机械性能均佳，适合于烟道气环境中。聚酰亚胺膜材料的特点是对气体分离系数高但透过系数低，因而近年来对其研究的重点在两方面：一个是在制膜技术上，尽量减少不对称膜活性层的厚度，提高渗透系数；二是对聚酰亚胺材料进行化学改性，提高膜的性能。

总之，膜分离法具有膜的渗透性和选择性均较好、投资低、操作方便、能耗低等优点，是一项发展非常迅速的节能型气体分离技术。膜分离法的缺点是用液膜分离气体时，溶剂会连续地在原料气中挥发，载体和原料气中的杂质常常产生不可逆反应，导致载体失败。因此，该工艺要实现工程应用，还要解决好溶剂的挥发性损失和载体失效的问题。而且膜分离法很难得到高纯度的二氧化碳，为了得到较高纯度的二氧化碳，可将膜分离法与溶剂吸收法结合起来，前者做粗分离，后者做精分离。这样既能做到有效分离、又可以节省投资费用，并且综合能耗达到最低。

（五）富氧燃烧技术

由于二氧化碳在煤电厂烟气中的含量一般为 14% 左右，采用前述的各种工艺进行二氧化碳的分离时成本较高，如果可以大幅度提高烟道气中的二氧化碳的含量，就可以大大地降低二氧化碳的分离成本，同时节约燃料的成本。富氧燃烧技术即是在这样的背景中提出来的。

富氧燃烧技术使用氧气而不是使用空气，使化石燃料燃烧后在烟气中得到较高浓度的二氧化碳，从而经济地捕集和封存温室气体。该法利用空气分离获得的氧气和一部分锅炉烟气循环气构成的混合气体替代空气作为化石燃料燃烧时的氧化剂，以提高燃烧烟气中的二氧化碳含量。其步骤为：压缩分离、燃烧和电力生产、烟气压缩和脱水。按照烟气再循环的不同方式，可以分为干循环法和湿循环法。

富氧燃烧系统是用纯氧或者富氧代替空气作为化石燃料燃烧的介质。燃烧产物主要是二氧化碳和水蒸气，另外还有多余的氧气以保证燃烧完全，以及燃料中所有组成成分的氧化产物、燃料或泄漏进入系统的空气的惰性成分等。经过冷却水蒸气冷凝后，烟气中的二氧化碳就变成高浓度的二氧化碳，经过压缩、干燥和进一步的净化可进入管道进行储存。二氧化碳在高密度超临界状态下通过管道运输，其中的惰性气体含量需要降低至较低的值，以避免增加二氧化碳的临界压力而可能造成管道中出现水凝结和腐蚀，并允许使用常规的碳钢材料。在富氧燃烧系统中，由于二氧化碳浓度较高，因此捕获分离的成本较低，但是供给的富氧成本较高。目前氧气的生产主要是通过空气分离法，包括使用聚合膜、变压吸附和低温蒸馏。

富氧燃烧系统与传统的空气燃烧系统相比，具有排烟损失少、锅炉效率高的优点。但由于制氧设备和二氧化碳压缩设备需要消耗大量的电力，因此，总的电站效率会有所降低。同时，富氧燃烧系统在空气漏风、空气分离等方面还有许多问题需要解决，其在电厂实际应用方面要有大量的研究工作要做。

（六）化学链燃烧技术

化学链燃烧技术是一种挑战传统燃烧方式的新技术，是指通过煤的间接燃烧，得到高浓度的 CO_2 尾气，便于将 CO_2 回收。燃料从固体金属氧化物 MO 获取氧，无需与空气直接接触，燃料侧的生成物为高浓度的 CO_2、水蒸气和固体金属 M，空气侧是前一个反应中生成的固体金属 M 与空气中的氧的反应，重新生成固体金属氧化物 MO。金属氧化物 MO 与金属单质 M 在两个反应之间循环使用，起到传递氧的作用。整个过程不会产生氮氧化合物等有害气体，采用物理冷凝的方法即可分离回 CO_2，可以大大节省能耗。这种新的能量释放的方法是解决 CO_2、氮氧化合物等环境污染的一个重大突破。

化学链燃烧技术的许多优点引起了国内外许多学者的兴趣。国外有人设计了循环流化床应用化学链燃烧技术，对循环流化床锅炉应用化学链燃烧技术进行了概念设计。国内也进行了相关技术的研究，将化学链燃烧技术与空气湿化燃气轮机循环、IGCC 等动力多联产生系统相结合进行了化工与动力广义总能系统的开拓研究。但是总体上看，目前这项技术仍处于研发阶段，其有效利用还有待于进一步的科研开发。

四、碳封存与利用主要技术

二氧化碳捕获与封存主要包括三个部分：捕获二氧化碳，即收集并浓缩工业和能源燃烧所产生的二氧化碳气体；运输，即把从二氧化碳源处捕获的二氧化碳运输到合适的地点；封存，就是把上述已经运输的二氧化碳注入地下地质构造中，或者注入深海，或者通过工业流程使之固化为碳酸盐。目前世界上开展的二氧化碳抵制储存方法，包括注入正在开采的油气田提高采油效率，以及注入煤层获得煤田甲烷气体，主要是把经济效益放在首位；而注入已经废弃的油气田，注入地下咸水层，海底储存，注入相关岩体与矿物反应生成碳酸盐矿物，实现对碳的永久储存等方法，则主要是考虑环境效益。

（一）海洋与海底封存技术

科学家发现：海洋中浮游植物旺盛的地方，不仅需要氮和磷元素，还需要铁元素。因此通过为海洋补充铁元素，能够提高浮游植物的繁殖能力，从而提高海洋对二氧化碳的吸收量。但是也有一些专家对于向海洋大规模投放铁所带来的生态影响提出了警告。他们认为，大规模向海洋倾泻铁会改变海水表面与深海之间至关重要的温度差，从而对海洋生物产生重要的影响。另外，海藻大量的繁殖对海洋生态系统的影响等问题的研究尚不够深入，向海洋补铁吸收二氧化碳气体最终的可行性仍需要大量的科研工作。

海底封存技术的基本构想是本着对海洋生态系统影响小的原则，将陆地电站燃烧排出的二氧化碳进行分离回收并液化后送到海上，在指定的海域依靠船舶或海上浮体设备通过管道将二氧化碳送入指定深度的海洋中。目前可以考虑的方法主要有海洋中层稀释流放法和深海海底储留法。深海有巨大的容量可以储存减排下来的二氧化碳，但是一般情况下，储存二氧化碳的地方与二氧化碳的排放源相距甚远。有观点认为，可以通过管道把二氧化碳送到注入站，也可以通过加压的方法得到固体二氧化碳，然后在冷冻状态下用船送到注入站。与其他方法相比，该减排技术是最具价值和最经济的方法。但是，这两种方法距实际应用还很遥远，尚有诸多的问题需要进一步的研究。

（二）地下封存技术

欧美一些国家及日本的经验表明，地下储存是处置二氧化碳的一种有效措施。二氧化碳地下储存就是把收集到的二氧化碳注入地下深处具有适当封存条件的地层中储存起来，即把二氧化碳回归到地球深处。地下封存技术的基本思路是将燃烧排放气体中的二氧化碳压入枯竭的石油、天然气田，或是压入带水层，或是压入深部煤层，从而达到与大气隔绝的目的。因此，可用于二氧化碳地下储存的场地主要有油气田、沉积盆地内的咸水含水层和无商业开采价值的深部煤层等。

目前可行的方法包括提高原油回收率、二氧化碳煤层储存技术等。在石油开采中，向油层注入二氧化碳，用于提高原油回收率，以及二氧化碳的带水层处理，即将二氧化碳通过高压设备压入地下带水层以及将二氧化碳注入枯竭的石油、天然气矿层。国内外的研究已经表明：实行二氧化碳高效利用与地址埋存相结合的技术路线，不仅可以实现提高石油采收率，而且是缓解环境污染压力、实现温室气体资源化利用和地下封存的有效途径之一。

由于我国的煤层开采程度低，缺少煤气层开采的相关参数，特别是与二氧化碳煤层储存相关的实验数据，要想准确地对中国煤层二氧化碳储存能力进行评价，则需要有一些工作要做：首先是对各个含煤区煤层气和煤炭资源开采状况以及不同煤阶煤的空间分布进行相关的调查，确定具有商业开采价值的煤层气分布；其次是对不同煤质对二氧化碳和甲烷的吸附特性进行实验研究，以便获取适合中国煤阶分类的二氧化碳/甲烷置换比；再次是测定不同煤阶煤吸附二氧化碳前后的强度和渗透性能等相关特征，为现场试验和数值模拟分析提供可靠的参考；第四是进行现场的 CO_2-EBCM 试验，并结合 CO_2-EBCM 试验数值模拟实验，获取不同煤阶煤中煤层气的可开采系数；此外，随着科学技术的进步，煤层气可开采面积占煤层总面积的比例将不断增加，相应的煤层气可开采量和二氧化碳煤层储存容量也将随之增加。

总之，二氧化碳高效利用与地质埋藏相结合的技术思路已经引起我国及世界各国的高度重视，二氧化碳提高石油开采率与地质埋存一体化技术已经成为促进二氧化碳减排的发展方向。该技术的不断发展，必将在减少二氧化碳排放、保护自然生态环境和促进人类社会的可持续发展方面做出更大的贡献。

（三）化学合成利用技术

自从 1992 年德国的法本公司首先使用二氧化碳和氨合成尿素以来，二氧化碳工业利用已有合成尿素、制取水杨酸及其衍生物、生成碳酸盐、调整合成气的一氧化碳/氢气比例合成甲醇及食品工业等技术。近年来，美国、日本、英国、德国等已经成功地开发了合成甲醇、甲酸、聚碳酸化合物及温和条件下的甲烷等一系列接近工业化的新工艺，各国科学家仍在不断地开展二氧化碳生产合成气、乙醇、高分子油料、汽油柴油等的研究。超临界二氧化碳流体萃取也正异军突起，以其节能、无污染的特点，广泛应用于香料、医药、印染、生物化学、焊接、化工等诸多工艺。科学家认为，化学合成相关的新技术不但解决了令世界各国普遍头疼的二氧化碳减排的难题，把二氧化碳作为一种资源加以利用做到了"变废为宝"，而且由于它制成的包装物等工业产品真正地实现了生物降解，从而也解决了传统的包装物质对环境所造成的污染问题，因此具有良好的综合效益。

（四）生物固定与利用技术

目前的大气中的二氧化碳已经达到了较大的浓度，因此设法将大气中的二氧化碳分离出来并加以固定和应用，已经成为全球各国密切关注的问题。

生物固定二氧化碳主要是依靠植物的光合作用和微生物的自养作用。前者已经是众所周知，近年来的科研工作则主要是集中在对微生物固定二氧化碳的生化机制与基因工程的研究上。现阶段，相关的科研与试验工作主要是通过陆地和海洋生物的利用，来分离并固定二氧化碳。即通过大力植树造林并保护生态资源等来加大二氧化碳的分离和固定，同时大力开展海洋生物的利用技术，如进行海藻的养殖和利用等。

综合以上分析，生态文明相关技术在不断地发展，也有一些新能源技术正在开发和试验阶段，正所谓"机遇与挑战同在，风险与利益共存"。人类社会的发展已经证实了只有进行生态文明实践，才是符合人类长远利益的发展方式，才能保证人类社会的全面发展、协调发展、公平发展和可持续发展。

第六章 技术的社会形成理论及其推广

SST 是"技术的社会形成（the Social Shaping of Technology）"的英文缩写。Donald MacKenzie 和 Judy Wajcman 在 1985 年出版《The Social Shaping of Technology》一书，标志着"技术的社会形成"理论方法的正式建立。其后，技术的社会形成理论得到了越来越多的重视并成为科学技术与社会（STS）研究领域一个有价值的理论方法，并得到较快的发展。

第一节 科学史研究的外史论转向及其意义

在科学史研究领域，"内史论"和"外史论"曾经争论了数十年时间。内史论的主要观点是：要把科学看作是一个自主发展的科学体系，要从学科发展的内部来考察学科的发展，忽略科学以外的因素的影响，即认为科学知识、科学理论的产生和发展主要原因在于科学的自身。内史论的主要代表人物是科学史家萨顿和柯瓦雷，代表作分别是萨顿的《科学史导论》和柯瓦雷的《伽利略研究》。在科学史研究领域，内史论在 20 世纪 60 年代以前一直占据统治地位。但是内史论在解释诸如科学发展的非连续性、科学发展在时间上的不均衡性、新的科学理论有时候可以迅速取代旧理论、科学理论与科学共同体之间的关系、不同制度环境下科学发展差异化等，都难以奏效，正是这一系列的难题，为"外史论"的研究开辟了道路。

外史论主张：科学史研究应当研究科学知识、科学理论产生的外部因素，诸如经济、社会、政治、军事、文化等。相比内史论，外史论具有明显的优点，但是，外史论忽略了科学发展的内在逻辑。黑森（Hessen）的《牛顿〈原理〉的社会经济根源》被认为是科学史外史论转向的代表作。外史论的重要代表是萨顿的学生罗伯特·K. 默顿，其成名作《十七世纪英国的科学技术与社会》一书进一步深化了科学的社会史研究，同时这部书也被认为是科学社会学和 STS 的经典之作之一。外史论的经典代表作被公认为是 1962 年美国科学哲学家和科学史家托马斯·库恩公开发表的《科学革命的结构》。由于受到外史论理论的影响，在科学史研究中，研究者更多地关注科学发展的社会、心理等因素。

综合来看，无论是外史论还是内史论，可以说都具有自身的优势和缺点，任何一方都无法取代另一方，只有内史论与外史论相结合，才是科学的研究方法。因此说，科学史研究的外史论转向是对科学史研究内史论的有益补充，为科学史研究开辟了道路，同时也对科学哲学、科学社会学和 STS 等具有研究方法上的积极影响。

第二节　作为 SSK 研究方法的社会建构论

科学知识的"社会建构论"（Social Constructivism or Constructions）是 20 世纪 70 年代英国爱丁堡学派用以研究科学知识社会学（SSK：Sociology of Scientific Knowledge）所采用的一种建构主义的研究方式。科学知识社会学就是建立在这种建构主义方法论之上的一种科学知识观，科学知识社会学中无论是宏观研究还是微观研究，都注重社会因素对科学知识产生的影响与建构，而正是这种反传统的，对科学的客观性和合理性抱怀疑主义态度和相对主义立场的研究视角，构成了 SSK 的基本认识论前提。

史蒂芬·科尔（Stephen Cole）在概括科学知识建构论的典型主张时指出："建构论的所有主张实际上可以用三个典型观点来概括：第一，所有建构论者都反对把科学仅仅看成是理性活动这一传统的科学观。第二，几乎所有的建构论者都采取了相对主义的立场，强调科学问题的解决方案是不完全决定的，削弱甚至完全否定经验世界在限定科学知识发展方面的重要性。第三，所有建构论者都认为，自然科学的实际认识内容只能被看作是社会发展过程的结果，被看成是受社会因素影响的。"

如果说，科学史研究的外史论转向为科学史研究开辟了新的道路，那么作为 SSK 研究方法的社会建构论则不仅是为科学的社会建构论研究转向提供了方法论的指导，而且进一步为技术的社会建构论研究树立了榜样。

第三节　以爱丁堡学派为代表的 SST 理论

20 世纪 80 年代以来，爱丁堡学派的一些学者在"技术转向"的过程中，运用科学知识社会学的方法观察和分析技术与社会的关系，并提出了一种新的理论即 SST：The Social Shaping of Technology，意译为"技术的社会形成"。1982 年，欧洲科学技术研究协会的一次会议上，特勒弗·平奇（Trever·Pinch）和韦伯·比克（Weber·Biker）等人倡导用 SSK 中的建构主义的方法研究技术，1985 年麦肯齐（Donald Mac Kenzie）和瓦克曼（Judy Wajcman）合编了名为 The Social Shaping of Technology 的论文集，被视作是反映这次重要会议的成果之一，也标志着 SST 的正式出现。技术的社会形成论（SST：The Social Shaping of Technology）或"技术的社会建构论"（SCOT：The Social Construction of Technology）是继"科学的社会建构论"之后，在科学知识社会学的直接影响下产生的，以建构主义方法研究社会中的技术的"新技术社会学"。

在英国和欧洲，从 20 世纪 80 年代到现在，SST 几乎成了一种正统的学说。在整合自然科学和社会科学的关系中，SST 被认为发挥了积极的作用，它对于解释科学、技术和社会、经济之间的关系提供了一种更开阔的思路。对技术决定论的批判是 SST 的理论生长点。"技术决定论"的术语首先是由美国社会学家和经济学家 Thorstein Veblen 在《工程师及其价格体系》一书中所杜撰的。技术决定论是 20 世纪 70 年代以前极具影响力的一种技术发展理论。它将技术看成是社会发展的决定性因素，认为技术决定社会系统的形态，并与社会系统一起决定着哲学的内容与走向。技术决定论认同技术的价值负荷性，认为人受技术的支配与控制。其核心思想是认为技术系统自成一体、自我发展，不受外部因素制约。技术作为一种社会变迁的动力，支配着人类精神和社会的状况，直接或间接地促进了人类历史的发展。技术决定论的面孔很多，有强势技术决定论和温和技术决定论等。

SST 的理论研究表明：技术并不是按照一种内在的技术逻辑发展的，而是社会的产物。是由创造和使用它的条件所决定的；某种特殊的技术发展路径也并不是唯一的，在发明和使用新技术的过程中，都涉及在不同技术可能性中的一系列选择。因此，SST 将"选择"作为自己的核心概念，虽然不一定是自觉的选择，这种选择既存在于个别的人工事物的系统设计中，也存在于创新发明过程的轨迹之中。同时，SST 还强调，特殊的群体力量可将技术塑造为适合其自身的目的，因此人工事物在设计的方式上是灵活的，而不是只有一种最好的方式，同时技术的发展过程被看作是在多样性中进行选择，它是一个"多向性模式"。

SST 十分强调技术是由社会综合因素形成的，将科学和技术看作是社会活动的领域。它们受社会力量的作用，并经受社会分析。传统的技术研究只考察技术变化的结果或"影响"，而 SST 则要考察技术的内容和创新中所要牵涉的特殊过程，考察一系列因素（如组织的、政治的、经济的和文化的等）是如何使技术设计和实施的。在 SST 看来，社会影响技术，就是人影响他所制作的东西，"我们的体制——我们的习惯、价值、组织、思想和风俗——都是强有力的力量，它们以独特的方式塑造了我们的技术"，"没有一种技术是独立存在的，在技术的周围是作为主人的组织和网络在设计它、制造它、扩散它、推进它和规范它。假如我们要理解技术的命运，就必须理解这些制度的内部的和外部的运动。"SST 还考察了社会的、体制的、经济的和文化的力量对技术形成或塑造作用的方式，比如，它是如何影响发明创新的方向及速度的；是如何影响技术的形式和内容的；技术变化对于社会不同群体的不同结果等。所以，SST 认为，我们不仅要看到技术的社会影响，而且要进一步研究是什么使技术产生这种社会影响，以及这种影响产生的方式。即使发现技术的轨迹，也要问它为什么朝这一方向运动而不是朝另一方向运动的。这样，就可以把技术看作是社会行为和结构的特殊形式。

纵观 SST 的研究，在考察社会对技术的影响时，所涉及的社会因素和技术环节是多方位的，从社会领域来看，涉及经济、政治和文化等对技术的影响；从社会组织看，有关于技术的社会组织形式的探讨，也有关于政府、企业等具体的形式对技术发展影响的探讨；在社会地域或区位方面，则涉及不同地方尤其是国家对技术发展的影响；还有关于技术的社会终端——用户对技术的影响，如不同的性别群体、年龄群体和利益群体是如何塑造技术的；也有涉及社会制度与体制的研究，尤其是经济体制和科技体制对技术发展的重要作用；社会文明对技术发展的影响也被 SST 纳入其研究范围，如教育、社会创新能力和公众的科技素养及对科技的态度等也是影响技术发展的重要因素。另一种思路就是从技术的环节来研究，认为技术从发明和设计到开发和扩散再到商业性应用都是由社会因素决定的，并通过如上所说的宏观与微观研究、理论与案例研究，多方位揭示了塑造技术的社会因素，从而展示了社会影响技术发展的图景。

SST 研究包含三个趋势或新的转变：一是改变了以发明家个人（或"天才"）为解释的核心，二是不同于技术决定论，三是改变了传统的在技术分析中对技术、社会、经济和政治等方面进行区分的做法，最后形成了用"无缝之网"的比喻来形容技术与社会之间的关系。他们共同提供了史学、社会学和哲学的互相沟通对技术的理解。而 SST 的许多核心概念，如"解释的灵活性结束机制""协商"和"对称分析"等，都是直接将 SSK 对科学知识的社会建构分析扩展到对技术的相同分析的产物，由此表明科学的人文社会研究对技术的人文研究有着十分紧密的影响和联系。

广义上的 SST 包括技术的社会建构框架、技术的社会形成理论、系统方法和行动者——网络理论。它大致经历了三个发展阶段。第一阶段（20 世纪 80 年代）：主要批判片面的技术决定论，通过大量的案例经验研究对技术物的社会建构过程进行研究，强调社会因素对技术塑造或形成的作用。第二阶段（20 世纪 90 年代）：通过对技术的社会建构论的话语风格和分析框架、考察视角、价值问题等方面的争论，研究范围从微观扩大到中观和宏观层面；从单一人造物扩展到更广的和异质的社会技术集合；从考察社会对技术的影响发展到纳入技术对社会的影响，分析技术与社会的相互作用。第三阶段（21 世纪以来）：主要趋势是，在案例和理论研究中，做出不同的概念组合，并通过对各种分析框架的整合对技术变迁构建出更完全、更详细的说明模式；技术的社会建构论领域将涉及一些更一般性的问题，如社会现代化、技术政治化、创新管理和 STS 教育等。[1]

作为一种新的技术社会学，SST 起初只是一种"微观研究"，即只研究一些具体的案例来说明某一项技术是如何在社会的影响下改进和最后定型的，而这种社会的作用通常又聚焦到具体用户的要求上。微观 SST 对技术的形成过程中各种利益体和联盟是如何协调地做出了重要的贡献，但他们唯一重视的是个人和群体之间"微观水平"的行为和相互作用，而忽视了更宏大的结构的影响，即拒绝更广泛地处理社会结构和过程的理论性和实质性的工作。因此，需要将技术的社会形成问题提升到更广阔的社会水平上，它应该包括国家的作

---

① 艾理. 科学技术与社会新进展 [N]. 中国社会科学院院报，2007－9－27（8）.

用、国家与社会利益集团的关系、阶级的作用、各阶级在生产过程中的关系；需要对社会的影响作一种结构水平上的和本土细节水平上的整体性的解释；在看到社会微观因素对技术发展影响的同时，还要看到更广义的社会结构、经济力量和政治过程造就了技术的全部发展过程，由此便形成了所谓宏观 SST 的视角，即 SST 的"宏观研究"。用 SST 的视角观察中国的实际，可以对我们认识中国的技术发展及其相关的问题，提供一些有益的启示。

SST 的代表人物之一罗宾·威廉姆斯指出，技术的社会形成中出现了一个两难的问题，即注重特定范式下的社会与技术之间的相互作用和多样性，还是注重大规模的社会技术系统的总体形式和稳定性。早期研究强调技术发展中的技术社会相互"协商"对产品内容和使用方法的决定。目前主要关注的则是技术发展中特定参与者的角色及其影响（微观层面）与组织机构（中观层面），以及政治社会经济体制与技术经济范式之间的影响（宏观层面）的不同及其相互作用。

罗宾·威廉姆斯在其文章中指出，所谓技术的社会形成（SST：the Social Shaping of Technology）理论是一种对技术与社会复杂关系进行具体分析的方法理论。"技术的社会形成理论"着眼于分析与技术发展相关联的个人、群体和机构，剖析其本身的利益所在，及其之间的关系，以及对技术施加影响的势能和着力点，从而去看它们对技术的发展以及发展进程产生的影响。这一理论强调，技术创新并不局限于实验室和技术专家的世界，非技术人员，只要是与技术发展有关的，也会在工作和日常生活中对新技术产品的定义、性能、作用等产生一定影响。许多新概念的产生都是用来描述有关技术和社会相互作用的，这些概念强调从技术的设计过程到产品的使用都是在特定的社会、经济、技术环境中产生，并受特定的组织方式和社会体制的制约。整个技术发展的过程，本质上是一个受这些广泛因素筛选的过程。[①]

在技术的社会形成理论者看来，人们的生活经历是一个无缝之网（Seamless Web），而社会制度作为一种内在相关的系统相互作用，不存在作为独立"原因"的行动。技术不是"外在于"社会的，而是社会的一个无法分离的一部分。"社会的"也不再意味着是"外部的"，技术的内容渗透着社会的因素，"不描述形成技术对象的异质的和规模更大的行动者世界，就不可能描述技术

---

① ［英］威廉姆斯. 技术研究与技术的社会形成观导论［A］. 殷登祥. 技术的社会形成［C］. 北京：首都师范大学出版社，2004：82.

对象本身"。

从 SST 的发展现状来看，技术的社会形成理论仍是一种发展中的视角，主要还是一种局限于案例分析的所谓微观或经验研究，它更多的还只是对技术的外在特征的社会形成加以描述，尚缺少对技术在社会中形成的一般规律的总结概括，尤其是缺少从哲学的高度对技术的社会形成进行深入而全面的揭示。即使是"宏观" SST，虽然考察了国家和制度对技术的作用，但也没有达到在理论上的系统集成；SST 学者们自己也承认其研究所形成的只是一个有共同关注对象的"学术共同体"。因此说，SST 研究还有很长的路需要探索。

SST 批判传统的"线性模式"（Iinear models），这种模式通过研究与开发（R&D）将技术创新看成是一种包括信息以及来自基础科学的思想和解决方案的单向流程，经由市场到消费者，确定的技术物得以生产和扩散。似乎任何技术都会正好按照秩序出现。实际上，比技术特征更有价值的是关于政治和社会的问题：生产环境、使用方式、价值、目的、技能、设计样式、选择、控制与获得，或正如 Finnegan 所指出的，谁使用它、谁控制它、用于什么目的、它如何与权力结构相适应、在多大范围内得到传播。因此，在技术创新过程中，我们需要考虑诸如政治控制、国家技术政策、阶级利益、经济压力、地理路径、教育背景以及一般的舆论看法等问题。由于 SST 允许人们进入科学和技术本身的领域，因此，对技术创新早期阶段的战略性干预的前景，突出表现在不同技术路径的可能性结果上，以及将它们控制在社会目标范围内的问题与机会。在 SST 看来，特殊的经济和社会语境创造了一种选择性环境，它引发了一系列技术创新。而这又导致了在一种"技术—经济"范式中广泛存在的周期稳定性，在这种稳定性中，技术创新过程遵照一种普遍的标准，而且技术人工物的设计也以一种不断增加的、进化的方式发生着变化。这被描述为技术轨迹，技术轨迹表现了一种范式随着时间而演变的特点。

SST 将技术与社会的关系从技术决定论的片面和极端中解放出来，还技术以社会中的技术之本来面目；但 SST 又没有走到技术决定论的另一个极端——社会决定论，而是强调技术与社会的互动关系。这是更加切合技术与社会之间的关系的；这也为人们用社会的手段来解决当前的全球性技术问题提供了理论依据，即社会中的技术所产生的问题还需要用社会的手段来加以解决。当然，任何一种理论都不是完美无缺的，SST 在弥补和解决前一个理论的缺陷的同时，本身也在不自觉中留下片面性，从而不经意间为后一种理论的诞生提供了空间。由于 SST 的目标不是一种"技术的科学"（science of technology）而是一种"技术的技术"（technology of technology），所以 SST 也有它的局限性，如美国技术哲学家兰登·温纳就尖锐地指出，SST 的视角蔑视对技术的评价态度、忽视技术选择的后果、无视技术发展的动力要素等；而且 SST 也缺少对规律的总结和理论的概括，也没有进行价值上的分析。尽管如此，SST 通过一种交叉学科的努力已经取得了重大发展，不失为技术的"宏观"研究和"微观"研究之间的纽带和对两者的缺陷的弥补；而且，通过缩小复杂现象的社会解释的研究范围，SST 已经开始逐渐注意重新考虑那些有着明显稳定性和边界的社会行为在经济、社会和政治过程之间的传统区别，从而逐渐弥补自身的理论缺失。

第四节　SST 理论的推广应用

无论是 SSK 主张的科学的社会建构，还是 SST 主张的技术的社会建构，其研究的对象虽然不同，但是共同之处是都使用了社会建构论的研究方式，或者说，都是利用建构主义方法论来搭建其理论平台的。

"社会建构"通常是隐喻社会行动的人工性质，或者这种行动本身（过程或结果）。它所蕴涵的是这样一种信念，即自然事物的结构本身是能够加以改变并重新安排的。"建构论"的真正源头在认识论领域，它指涉的是这样一种思想，即人类不是发现了这个世界，而是通过引入一个结构而在某种意义上的"制造"（make）论。① 研究社会建构论从科学观到技术观的转移，不得不考察社会建构论产生的背景。"建构主义产生有其特定的背景，简而言之，它是科学的社会研究自身发展的内部矛盾运动以及社会学与哲学其他学科影响的结果。"

从科学的社会研究自身发展来看，建构主义方法论产生的原因包括两个重要方面：一方面是知识社会学和科学社会学的影响。知识社会学关心的主题是揭示特别的知识和思想体系如道德体系、宗教信条、政治原则、美学原则等是怎样受促使其产生的社会和文化背景的影响。之后，随着科学社会学研究的兴

---

① 任玉凤. 社会建构论从科学研究到技术研究的延伸——以科学知识社会学（SSK）和技术的社会形成论（SST）为例 [J]. 内蒙古大学学报（人文社会科学版），2003，35（4）：3～7.

盛和发展，有些社会学家对默顿学派缺乏对科学知识本身的研究这一点感到不满，因此重拾知识社会学的研究传统来研究科学知识。于是在知识社会学—科学社会学—科学知识社会学这一否定之否定的发展历程中，建构主义的方法便得以产生和发展；另一方面是对科学知识宏观研究的不满和反抗，也是促成社会建构论产生的直接原因。宏观研究以强纲领为代表，主张社会因素影响知识的各种形态，而且科学家本身的社会信念、地位及其所处的社会团体，都可能影响他的思想，但是强纲领没有回答什么背景因素在什么时候怎样进入知识客体之中，于是出现了批判性反思，而正是这种批判性反思导致了建构主义的出现。

从建构论产生的外部因素来看，社会学新理论和方法，如认知社会学、人类学方法论及社会现象学等的出现，以及一些新的哲学思潮如新马克思主义、人种学等新观点的出现与科学知识建构主义的出现有着直接的联系。

从社会建构论产生到今天，也就是几十年的时间，就是在这段时间内，社会建构论已经发展得如火如荼，同时也面临着发展的困难。尽管在科学史研究、科学知识社会学以及技术的社会形成等研究领域已经取得丰硕的成果，但是在取得这些成果的同时也面临着很大的挑战。我们如何面对挑战以及如何开拓社会形成理论的新领域，比如如何将社会形成理论与当前中国的生态文明建设相结合等问题，都是值得我们认真思考和研究的问题。

可喜的是，已经有学者借鉴 SSK 及 SST 理论的强纲领和核心概念，进行了相关的尝试，提出了对技术创新的一种新的社会学分析的理论构架——SSTI（技术创新的社会形成）。由于 SSTI 的基本出发点是建立在对技术创新的认识上，从认识论着手开始对技术创新的本质和研究方法提出质疑，也使得 SSTI 的研究具有很强的哲学意味，应当对 SSTI 中存在的哲学问题加以探讨。[①] 这些哲学问题的解决与否以及解决的结果，势必将影响到这一新的研究方向的进展。

马克思·韦伯的《新教伦理与资本主义精神》的研究者指出：在任何一项事业背后必然存在着一种无形的精神力量；尤为重要的是，这种精神力量一定与该项事业的社会文化背景有着密切的渊源。尽管马克思·韦伯的分析是针对资本主义这一特定历史现象而言的，但它是否具有普遍意义呢？换言之，资本主义以及支持、推动资本主义发展的资本主义精神，基本上是自然形成的，它

① 李可庆等. 技术创新的社会形成理论哲学探讨 [J]. 技术创新与管理，2006，27（6）：1～4.

不但创造了一套比较严格的政治、经济体系，而且创造了一套相当完善的科学技术体系，从而创造了人类历史上空前发达的生产力。那么，这一切是否是新教文化圈的特有产物呢？设若答案是肯定的，那么在新文化圈之外的民族想要取得生产力的长足发展，是否应当创造某种与自身文化传统相适应的精神？怎样创造？设若答案是否定的，亦即所谓的资本主义并非是新教文化所特有的，只不过是首先出现在新教文化地区，那么其他民族是否或早或晚地总会形成与资本主义功能相同的社会发展呢？最后，设若答案是部分肯定、部分否定的，即资本主义既有与新教文化密切相关的某些特别之处，同时也具有超越各种文化或普遍适用于各种文化的基本要素，那么应当如何确定哪些是独特的和哪些性质是普遍性的呢？又应当如何将那些具有普遍意义的东西与本民族的传统文化相结合，并使得本民族得到最大的发展呢？[①]

鉴于以上分析，我们就试探性地用 SST（技术的社会形成）理论对社会中的技术的研究方法，并把这种研究对象进行推广，借鉴这种方法论原则来分析生态文明的理论与实践，以期望对 SST 研究和生态文明研究都能有所启示。

---

① ［德］马克思·韦伯. 彭强，黄晓京译. 新教伦理与资本主义精神——译者絮语［M］. 西安：陕西师范大学出版社，2002：3~4.

第七章　结　论

人类社会发展到今天，已经能够认识到传统的资本主义工业化生产所带来的社会风险。正如华裔诺贝尔化学奖获得者李远哲在北京大学百年校庆上的讲演中所指出的："如果先进国家走过或目前正在走的道路，不是一条全世界能够永续发展的康庄大道，那么未开发或开发中国家紧跟先进国家的后头努力追赶，就似乎毫无意义。因为这一段辛苦追赶的路程，很可能是人类共同走向灭亡的路程。"因此，世界人们必须联合起来，突破传统的资本主义工业化发展模式的禁锢，打破国家、民族和地区的传统限制，创新发展理念，重新认定人与人、人与自然和人与社会的相互关系，从人类可持续发展的角度来解决人类的未来问题。

第一节　资本主义生产方式与生态文明

人类社会的发展史表明：所谓的资本主义工业化生产把人类带入了以市场竞争、物质的追求和资本支持为基本特征的风险社会，这使得人类社会生产力水平高速发展，同时也带来了资本主义工业化本身所难以克服的系统性深刻危机。市场的自由竞争机制把生物世界盛行的优胜劣汰、适者生存的"丛林法则"引入人类社会，并将其发挥到极致，导致了人口快速膨胀、资源短缺、环境污染和生态失衡等，这种机制一直在不断地加剧着贫富之间的两极严重分化和市场经济的残酷竞争，以及代内和代际的极端不平等。

马克思·韦伯在其《新教伦理与资本主义精神》一书的导论中指出："只有在西方，科学才真正处在我们认为有效的发展阶段上。尽管经验知识、对宇宙和人生的思考以及最深奥的哲学和神学智慧并不局限于科学范围之内……"①
生态文明的提法是在资本主义社会里第一次被提出,可持续发展的理念也是在
资本主义国家第一次被使用,都是资本主义社会的综合因素形成的。但是这些
与生态文明及可持续发展并没有必然的因果联系。"资本主义和追求利润是同
一的,而且永远要以连续的、合理的资本主义企业经营为手段获得新的利润,
因为它必须如此;在一个完全资本主义的社会秩序下,不能利用机会盈利的资
本主义企业注定要消亡。"② 正是在这样的资本主义精神的指引下,资本主义的
企业才不断地追求狭隘的利润空间,导致了严重的贫富差距和社会财富占有的
不平等;正是在这样的资本主义精神的指引下,资本主义企业进入了不断追求
利润最大化的恶性循环,把环境当成经济的一部分,而不是"道法自然"地把
经济当作环境的一部分。

联合国气候变化框架条约第 13 次缔约国会议的贸易部长会议于 2007 年
12 月 8 日在印度尼西亚的巴厘岛举行。起初,美国拒绝有关在 2020 年前为发
达国家严格设定温室气体减排目标的建议。加拿大和日本也反对把减排目标包
括在草案中。澳大利亚虽然签署了《京都议定书》,但还不愿意支持临时减排
目标。

《京都协议书》是 1997 年 12 月在日本京都由联合国气候变化框架公约参
加国三次会议制定的。其目标是"将大气中的温室气体含量稳定在一个适当的
水平,进而防止剧烈的气候改变对人类造成伤害"。到 2009 年 5 月,总共有
183 个国家通过了该条约,引人注目的是世界上最发达的资本主义国家——美
国——没有签署该条约。

2009 年,美国现任总统奥巴马上任之初曾希望借助自己的超高人气,推
动美国在 2009 年哥本哈根会议前通过一项气候法案,尽管美国的承诺仅相当
于在 1990 年基础上减排温室气体 4% 左右,与发展中国家期望的仍有巨大差
距。然而,就是这区区的减排 4% 目标美国亦难以承诺。

---

① [德] 马克思·韦伯. 彭强,黄晓京译. 新教伦理与资本主义精神 [M]. 西安:陕西师范大学出版社,
2002:10~11.
② [德] 马克思·韦伯. 彭强,黄晓京译. 新教伦理与资本主义精神 [M]. 西安:陕西师范大学出版社,
2002:15.

第二节 巨大的贫富差距是生态文明难以逾越的障碍

1966 年，世界上最富有的 20％的人口与最贫穷的 20％的人口的收入比例为 30∶1，1996 年，这个差距扩大到 61∶1。根据世界银行 1997 年的统计数字显示，全球排名前五名的最富有国家为卢森堡、瑞士、日本、挪威、丹麦，其人均国内生产总值分别为：41210 美元、40630 美元、39640 美元、31250 美元、29890 美元，而世界最贫穷的五个国家为布隆迪、刚果、坦桑尼亚、埃塞俄比亚、莫桑比克，其人均国内生产总值仅仅为 100 美元左右。这种贫富分化体现在生存质量、利益享有、发展机会等各个方面的不平等，必然导致贫富之间的矛盾冲突。而贫困与破坏环境往往是互为因果的，在基本生存都不能够保证的情况下，谈论生态修复和环境保护，往往是没有实际意义的。而无论是深绿色的生态文明还是可持续发展理论都把代内和代际的平等发展作为一项重要指标，这就使得人类社会目前普遍存在的巨大的贫富差距成为生态文明建设难以逾越的障碍。

另外，世界上资本扩张的无限性同资源存量的有限性的根本矛盾，也把人类引入了发展的困境和残酷竞争的怪圈子而无法自行解脱。历史上，国家间为了争夺土地、能源、河流等重要资源的控制权而发生的武装冲突已经屡见不鲜。随着社会的不断向前推进，资源变得越来越稀缺，竞争也越来越激烈，而由此引发的一系列矛盾与冲突也就屡见报端。

美国和北约发动对伊拉克战争，总是有着挥之不去的石油资源的影子。1992 年，土耳其和叙利亚之间的水源之争差一点酿成该地区的一场全面战争。巴勒斯坦和以色列之间的冲突，也一直是围绕着有限的土地资源进行的。当前，每一个国家都拼命地加速发展本国的物质生产。某些发达国家为了保住自己的霸权地位以及保持其相对于世界上其他国家的绝对领先优势，就不遗余力地凭借其强势资本甚至是高压政治和强权军事加紧掠夺世界范围内的剩余资源，并向欠发达国家输出各类污染、输出贫困的添加剂。而发展中国家为了尽快摆脱贫困落后的现状，于是便被迫纷纷走上了毁林种粮、竭泽而渔、超生多生、贱卖资源的自断其可持续发展之路。也因此形成了贫困加剧和生态破坏的恶性循环怪圈。

全球的发展中国家一致认为，经济社会发展和消除贫困是发展中国家"首要的和压倒一切"的优先解决的问题。发展中国家也因此需要减缓气候变化的行动进程。在这一进程中，发达国家要在资金和技术等方面支持发展中国家所采取的减缓气候变化的国家行动。

对于气候变化和生态修复等问题，全球的发展中国家已经丧失了话语权和主动权，也只能歇斯底里地呐喊：气候变化带来的挑战要求所有国家的有效参与，并遵循"共同但有区别的责任"原则。应对气候变化，各方要在国内和通过国际合作做出更多的努力。

毫不夸张地说，一方面，资本主义的超速扩张进一步加速了贫困国家的贫困程度，进一步增加了世界贫困人口的数量；另一方面，贫困国家和贫困人们为了尽快地脱贫致富，被迫以牺牲本国和本地区的生态和环境资源为代价，被迫接受发达国家的经济贫困、环境污染和生态破坏的转移。两个方面的综合，就造成贫困加剧和生态环境破坏怪圈的恶性循环，使得贫困成为生态文明建设难以逾越的鸿沟。

第三节　特色之路是中国生态文明的必然选择

通过前面的理论阐述和相关分析，笔者认为，中国在当前国际和国内的双重背景和双重压力下进行生态文明建设，走中国特色的生态文明之路是必然的选择。下面就根据上文的分析对中国特色的生态文明之路给出一些参考建议，以期望中国的生态文明建设能够健康、快速发展。

一、加强国际合作，把握国际话语权

中国已经是目前世界上最大的发展中国家，同时也是世界经济增长速度最快的经济体。因此，中国所面临的挑战也是前所未有的。目前中国需要面对的关键问题已经不再是搞不搞工业化的问题，而是如何进行工业化的问题，即在实现工业化发展的同时建设中国特色的生态文明。随着人们生态环境保护意识的不断提高，改变传统的工业文明发展模式、建设生态文明已经成为全球的民众的共识，有些国家和地区已经付诸实践，并取得了一定的成效。但是与此同时，我们也必须清醒地认识到，从工业文明到生态文明的转变是一个长期的和

逐渐的过程，不能一蹴而求，急于求成，同时也需要全球人民的坚持不懈的共同努力，不能单打独斗，仅凭一己之勇。

前国家发改委主任马凯同志曾撰文指出，气候变暖是全人类面临的挑战，因此需要国际社会共同应对。虽然国际社会对气候变暖的程序、成因、主要责任，以及解决问题的路径方面存在着不尽相同的看法，但是主流观点已经逐渐趋于一致，至少达成了部分共识：第一，全球范围内的气候变暖已经成为一个不争的事实；第二，气候变暖对于人类赖以生存和发展的自然环境和生态系统已经造成了严重后果；第三，气候变化的原因除了自然因素以外，还包括人类活动的因素，特别是人类工业发展过程中使用的化石燃料所排出的二氧化碳等温室气体；第四，就是气候问题是超越国界和民族的，这在经济全球化和世界一体化的今天，应对气候变化已经是全球共同面临的重大挑战，必须依靠世界各国的共同努力。[①]

2005 年 7 月，八国首脑峰会上各国首脑对一体化应对能源问题与气候变化问题的重要性达成共识，并通过了"气候变化、清洁能源及可持续发展的鹰谷行动计划"。[②] 经美国提议，2006 年 1 月正式成立了部长级"亚太经济发展与气候新伙伴计划（APP）"。[③] 除了美国以外，还有中国、日本、澳大利亚、韩国、印度共六国参加了这一计划，旨在应对能源需求增长、能源安全保障，气候变化等问题，切实开展地区间的合作，共同推动清洁、高效能源技术的开发、普及和转让。

2006 年，日本在其《日本新国家能源战略》中明确提出，日本要在亚洲推广煤炭的清洁利用、生产和安全技术。通过与中国、印度尼西亚等国在煤炭液化方面的合作，利用日本小型煤炭液化试验装置，获取并分析实现商业化运营所需的相关数据，为当事国培养了人才，促进煤炭液化事业的发展。并且活用亚太合作组织等国际组织，将日本的煤炭清洁利用相关技术推广到中国和印度尼西亚等国。[④]

尽管说，发达国家和发展中国家对于生态文明建设在某些方面已经达成了共识，但是在其他的方面（比如资金支持和技术转移）也还存在着一些障碍。

① 马凯. 气候变暖是人类共同面临的挑战 [A]. 张坤民等. 低碳经济论 [C]. 北京：中国环境科学出版社，2008：3～4.

② 中国科学技术信息研究所. 能源技术领域分析报告（2008）[R]. 北京：科学技术文献出版社，2008：28.

③ 中国科学技术信息研究所. 能源技术领域分析报告（2008）[R]. 北京：科学技术文献出版社，2008：27.

④ 中国科学技术信息研究所. 能源技术领域分析报告（2008）[R]. 北京：科学技术文献出版社，2008：29.

在 2009 年的哥本哈根会议上，作为最大的发展中国家和最大的发达国家，中国和美国一直被置于聚光灯的焦点中。由于各自所代表的阵营的利益不同，中美在会场上也展开了正面交锋。会议第三天，美国气候谈判首席代表托德·斯特恩刚刚走下飞机就召开新闻发布会，并把枪口直接对准中国，"公共资金，特别是美国政府的公共资金，绝不会流向中国。"他否认发达国家应该为其在工业化进程中累积造成的大气环境污染"埋单"，要求中国采取更大力度的减排行动。

国务院参事徐嵩龄曾经指出，中国目前参加气候变化相关会议的谈判中，缺乏话语权和主动权，很多时候是被发达国家牵着鼻子走，处于非常被动的不利局面，无论是哥本哈根会议还是坎昆会议中国都为此付出了代价。如果不在这方面作出努力，在以后的会议和谈判中我们仍然会继续被动，继续妥协，继续丧失应得的国家利益。尽管中国在减排方面的表现是最好的，但是中国在谈判中面临的压力确实是最大的，这就是在目前的话语体系下，我国气候变化决策面临的最大的风险问题。

在这样的国际背景之下，中国就需要增加共识、加强国际交流合作，以生态文明为历史契机，争取把握国际话语权，为人类社会可持续的未来做出更大的贡献。分析认为，2009 年的哥本哈根气候大会对于国际政治的影响是巨大的，它彻底地改变了国际关系，成为国际关系的一道分水岭。因为从来没有任何一届环境与发展大会能像哥本哈根会议那样，吸引如此多的国家元首前来参会，吸引如此多的国际关注，也对国际关系形成非常大的影响：

首先，欧洲在大会上已经完全没有话语权，虽然大会在欧洲大陆上召开，但不止一家欧洲主流媒体感叹欧洲已经被边缘化。欧洲试图在大会上充当主导，但大会的主角是美、中两国，欧洲并没有发挥主导的作用，欧美的关系也将会进一步地貌合神离。欧洲在会后对于中国的指责不绝于耳，欧洲已经对中国实施了惩罚性关税，中欧关系不会再像以前那样良好。

其次，发达国家的分裂与发展中国家的联盟已经初见端倪，削减碳排放量势必会在一段时间内影响经济的发展，中印等发展中国家为了避免"被排放"的局面，结成了一个短暂的联盟，而发达国家则因对于国际话语权的主导而产生了分裂，国际关系进一步不明朗化，鉴于新极并未形成，世界也日益向多极化的方向发展。

再次，在这次哥本哈根大会上，美国一如既往地想让中国政府承担更多的责任，但是其意图最终还是落空。在哥本哈根会议以后，所有的美国舆论均一边倒地抨击中国政府，却没有任何一家美国媒体想到美国等发达国家在过去的200年间碳排放量总量问题。会后，中美关系将会进一步恶化，碳关税将会彻底搅乱中美的贸易关系。

愈演愈烈的环境问题让我们更加重视人类生活的现在和未来，可是真正的国际合作与磋商已远远背离了主题。各国商谈中浮现出的矛盾并不在环境，客观因素占了主导。国家利益为基本原则无变动，根据环境治理所牵扯到的经济发展力度为核心，不免让我看到人类竞争之下的牺牲品——环境。我们还要继续努力去打破这一僵局，争取环境问题的真正解决。

哥本哈根会议没有像预想的那样形成具有法律效力的文件，并且把重担推向了巴西的坎昆会议，而坎昆会议尽管取得了一些积极成功，却把一大堆的困难问题留给了南非的德班会议。这其中，既有发达国家与发展中国家的南北矛盾，也有发展中国家和发达国家集团各自内部的矛盾，正是这些分歧和矛盾，增加了人类社会未来发展的风险，让人类的明天都处于未知的迷茫状态而面临着极大的风险。

不管怎么说，在历届的气候大会上，中国政府的表现，已经体现了一个发展中大国的胆量和勇气，应有的风范和建立在世界可持续发展的基础上而应有的强硬态度，中国已经在承担起历史赋予的神圣责任——以生态文明建设为历史契机，在国际合作中逐渐把握话语权，为世界的和平发展与可持续发展而不懈努力。

二、强化技术创新，开源同时节流

人类活动越来越深刻地渗透到地球家园的每一个角落，随着经济全球化和世界一体化进程的不断加速，人类的命运与这个大家庭中的每一个成员都紧密地联系在了一起。因此，建设生态文明需要国际合作，而这种合作不仅仅是世界各国在一起开几次国际会议，更重要的还包括发达国家对发展中国家的资金援助和技术支持。

当前，人类社会正处在第四次技术革命的风口浪尖上，而这次技术革命与以往的三次技术革命相比又具有全新的特点：第一、第四次技术革命的主导技术已经不再是传统意义上的某一项技术，取而代之的则是在"大科学"背景下的技术群。前三次技术革命的主导技术分别是蒸汽机技术、电力技术和电子技术，而第四次技术革命的主导技术则是由信息技术、生物技术、新能源技术、新材料技术、航空与航天技术、海洋技术、纳米技术等组成的技术群。其中的新材料技术、新能源技术和信息技术则对应着人类生存和发展的物质、能量与信息三大基础要素，也是第四次技术革命技术群的基础。第二、技术体系及其理论具有复杂化的趋势。第四次技术革命的相关技术往往都是理论基础广阔而深厚，纵向理论包括与信息技术、生物技术、新材料技术、新能源技术相关的分子、原子、电子等 20 世纪发展起来的量子理论；而横向理论主要是系统科学与复杂性科学等相关理论。第三、人类社会的信息化与科学技术一体化。第一次技术革命使得人类社会生产的技术机械化，第二次技术革命使得生产技术机械化和电气化，第三次技术革命使得人类生产技术机械化、电气化和自动化。第四次技术革命的新特征是在前三次技术革命的基础之上，使得人类社会的生产方式变得更加信息化。总体来说，第四次技术革命的技术群的出现和发展使得人类社会技术科学化，科学与技术一体化的特征逐渐凸显，使得人类社会的科学技术含量达到了前所未有的高度而且正在向更高的程度发展。

正是在这种科学技术浪潮的背景下，为争夺全球科技制高点，发达国家一方面加速实施本国高科技发展战略，另一方面采取种种措施，提高出口壁垒，阻止本国科技成果流失，以维持本国的科技垄断地位。技术出口管制最早源于第二次世界大战后东西方冷战时期，为了限制发达国家向社会主义国家出口战略物资和高技术，西方发达国家于 1949 年组建了"巴黎统筹委员会"。1950年 7 月"巴黎统筹委员会"的贸易管制扩大到中国。作为"巴黎统筹委员会"在冷战后的继承者，1966 年，33 个主要西方发达国家签署了《瓦森纳协议》，决定实施新的控制清单，中国就在被禁国家名单之列。[①]

近年来，随着全球化的深入，跨国公司为降低成本和争夺市场，纷纷在国外建立生产基地和研发机构。为了避免由此而导致的敏感技术流失，发达国家纷纷加强了技术出口管制。美国是国际出口管制的领导者和主要实施者。当前，其出口管制制度已经发展成为一个较为严密的体系。特别是在"9·11"事件以后，美国出于反恐和国际形势变化的需要，在制度立法、清单管理、机构设置、部门协调等诸多方面都明显加大了力度，管制趋于严厉。欧盟和其他国家近年来也加强了技术出口限制，加拿大《进出口许可法》对以往无形技术转让未作限制，但在 2004 年 6 月，加拿大议会在讨论修正案时对这个问题给予特别的关注。俄罗斯是武器大国，在出口管制方面相对宽松，近年来迫于西方国家的压力也强化了其管制机制。此外，日本、韩国甚至印度等国家也都在

---

① 中华人民共和国科学技术部. 国际科学技术发展报告（2009）[R]. 北京：科学出版社，2009：39~42.

加强技术出口的限制。

近些年来，特别是改革开放以来，中国的快速崛起引起了世界发达国家的惊慌。为了维持本国的竞争优势，遏制中国的发展，发达国家一方面强化对华出口的管制，另一方面炮制"中国间谍案""中国威胁论"等，以避免崛起的中国与其发生直接竞争。1989年之后，美国加强了对华出口管制。1998年12月，以共和党参议员克里斯托夫·考克斯为首的调查委员会向国会递交了《对华技术转让报告》，指责中国偷窃美国一些最机密的军事技术，并提出了限制对华出口的38项措施。2003年，美国进一步加大对华高技术产品出口管制，尤其是软件和高技术设备。2007年6月，美国商务部宣布正式实施对华高技术产品出口管制，新增了31类对华出口时需申请许可证的有军事用途的物项，这些物项包括航空发动机、水底照相机、激光器、贫铀、机床、高性能计算机等20种。

欧盟一直在"巴黎统筹委员会"、《瓦森纳协议》的框架下对中国实行技术出口管制。近年来，尽管很多欧洲国家提议解除对华军售禁令，但是鉴于美国的压力，2008年4月，欧洲议会再次通过了继续维持"对华敏感技术和武器禁运"的决定。这意味着欧洲延续了近60年的对华技术封锁至今仍然没有松动的迹象。对中国的担心与封锁在德国政府里表现得更为直接。2007年10月，德国执政党通过的一份新的亚洲政策文件，将中国明确定位为德国的"竞争对手"，它认为崛起后的中国在能源进出口等领域与德国直接竞争。

与此同时，为了配合其技术封锁战略，发达国家近年来一直不断在炒作"中国间谍论"，除了新闻媒体大肆宣扬"中国间谍案"以外，政府官方也在大抓"中国间谍"。2008年2月，美国司法部公布了两起"间谍"案中四名嫌疑人的详细指控。美国联邦调查局认为，至少有3000家中国"前沿公司"在美国从事情报搜集，特别是搜集高回报的信息技术。联邦调查局还声称，仅在美国硅谷，中国间谍人数每年就以20%～30%的速度急速增长；与此同时，中方还利用间谍窃取的情报建立起空前强大的军力。与官方大抓"中国间谍"相呼应，某些智囊团机构也卖力地炮制"中国间谍威胁论"。美国传统基金会2006年发表了一份报告，列举了十大窥视美国情报的"间谍国"，中国则荣登榜首。[1]

值得注意的是，这种封锁不仅针对军事技术和敏感技术，在产业竞争领域，对那些在整个产业链条中最具控制力的关键技术和核心技术，西方的控制和封锁更加不遗余力。直到目前，从汽车、飞机、轮船等运输领域的发动机，到IT、

① 中华人民共和国科学技术部.国际科学技术发展报告（2009）[R].北京：科学出版社，2009：39～42.

家电、通信领域的芯片技术，再到化学、医药、能源、环保技术乃至钢铁领域特种钢的生产等技术，所有工业领域的领先核心技术都对中国实行封锁。

中国是发展中大国，经济发展过分依赖化石能源资源的消耗，导致碳排放总量不断增加、环境污染日益加重等问题，已经严重影响到经济增长的质量效益和发展的可持续性。中国要发展生态文明，即必须发展循环经济、低碳经济等可持续发展的经济模式。以低碳经济为例，我国发展低碳经济除了应对气候变化等外部压力外，还有以下几个方面的内在要求与发展困境：

第一，我国人均能源资源拥有量不高，探明量仅相当于世界人均水平的51％。这种先天不足再加上后天的粗放利用，客观上要求我国发展低碳经济。

第二，碳排放总量突出。按照联合国通用的公式计算，碳排放总量实际上是 4 个因素的乘积：人口数量、人均 GDP、单位 GDP 的能耗量（能源强度）、单位能耗产生的碳排放（碳强度）。我国人口众多，能源消耗巨大，碳排放总量不可避免地逐年增大，其中还包含着出口产品的大量"内涵能源"。我们靠高碳路径生产廉价产品出口，却背上了碳排放总量大的"黑锅"。在一些发达国家将气候变化当作一个政治问题之后，我国发展低碳经济意义尤为重大。

第三，"依赖效应"的影响。工业革命以来，各国经济社会发展形成了对化石能源技术的严重依赖。发达国家在后工业化时期，一些重化工等高碳产业和技术不断地通过国际投资贸易渠道向发展中国家转移。中国倘若继续沿用传统技术，发展高碳产业，未来需要承诺温室气体定量减排或限排义务时，就可能被这些高碳产业设施所"依赖"。因此，我国在现代化建设的过程中，需要及早筹划，把握好碳预算，避免高碳产业和消费的锁定，努力使整个社会的生产消费系统摆脱对化石能源的过度依赖。

第四，碳排放空间不大。发达国家历史上人均千余吨的二氧化碳排放量，大大挤压了发展中国家当今的排放空间。我国根据"共同但有区别的责任"原则，要求发达国家履行公约规定的义务，率先减排。2006 年，我国的人均用电量为 2060 千瓦时，低于世界平均水平，只有经合组织国家的 1/4 左右，不到美国的 1/6。但一次性能源用量占世界的 16％以上，二氧化碳排放总量超过了世界的 20％，同世界人均排放量相等。这表明，我国在工业化和城市化进程中，碳排放强度偏高，而能源用量还将继续增长，碳排放空间不会很大，低碳经济将得到积极发展，推广低碳经济势在必行。

实施和坚持开发与节约并重，这是缓解经济发展和资源压力的现实选择，在现阶段保护资源已从一般的经济意义扩大为重大的战略意义，影响着政治、经济、文化等方方面面。我国目前正处在多极化、多变化的国际时代背景下。二战之后，西方一些发达资本主义国家的霸权主义和强权的形式从诸如武力威胁转变为经济控制。一些国家借口制造"中国威胁论"。中国的经济发展必须实施以依靠本国资源为主和节约的战略，一是资源不足将引起国内生产资源不足，引起各种国内经济生产矛盾；二是资源短缺必然要依赖进口，过分依赖将会导致经济失控，经济失控必然影响国家安全。许多宝贵的资源是不可再生的资源，是地球进化几十亿年才形成的，这些资源蕴藏在我国的数量有限，属于重要的战略资源。资源短缺有可能成为反华势力对我国的控制手段。因此，高度重视珍惜和节约资源具有保障国家经济安全的重大意义。保护资源以控制不合理的资源开发活动为重点，要在严格规划制度下考虑下一轮持续发展要求，依据储备量、安全量和国家安全进行有序开发。进行必要的生产也必须严格耕地矿产等重要资源保护制度，对海洋、江河进行有效治理，实行必要开发的资源生态补偿和恢复调节，对环境造成污染的企业实行关闭、整顿等措施。利用好国内外资源的同时对国内必要生产的各种资源实行节约和生态维护，强化对水源、土地、森林、草原、海洋、自然资源的保护措施。保护不是禁止，它必须体现在提高资源的利用效率方面，也就是说，环境管理必须要向资源开发、资源加工、资源回收和资源循环等环节要效率。

在此时代背景下，中国的生态文明建设就令人担忧了：通过本书第五章的分析，目前中国的生态文明相关技术，特别是有关碳捕获与碳封存技术、核能开发与利用技术和生物质能相关技术等，都与发达国家有着很大的差距，而且也不是短期内通过技术路线可以追赶的，而发达国家又对中国进行多方面的技术封锁。因此，我们必须"自己动手，丰衣足食"，充分发挥我们的聪明才智，强化技术创新，借鉴发达国家的成功经验，坚持资源开发与节约并重，把节约能源资源和提高能源利用效率放在首位，即在广开能源供给之路的同时，提高能源的利用效率，节约现有能源，走中国特色生态文明之路。

三、以全新的"G 模式"作为我国绿色发展的战略选择

人类的历史和现实都充分表明，传统工业经济发展模式，是一种资源消耗型、环境污染型和生态毁灭型的经济发展模式，是经济不可持续发展的深刻根源。要实现经济可持续发展，必须构建生态—经济协调可持续发展的绿色经济发展战略模式。绿色发展战略本质是以发展绿色经济为基本内容，以经济与社会协调可持续发展为核心的发展战略。以绿色经济为基本内容的绿色发展战略，就是

要实现人们经济活动从高资源消耗、高环境污染和高生态损害的非可持续发展经济，向资源消耗最少化、环境污染最轻化和生态损害最小化的可持续发展经济的根本转变，达到生态—经济协调、可持续发展。绿色发展的战略演进大概分为 A 模式、B 模式、C 模式和 G 模式 4 各阶段。A 模式作为传统的工业化模式，是以牺牲环境来换取经济利益的模式，存在资源生产率低的特点。西方发达国家经济取得飞速发展之后，开始省视环境问题，并在可持续发展的基础上提出了 B 模式——经济与环境并举的经济发展模式。而中国作为发展中国家，不具备发达国家发展 B 模式的条件，因而，提出了一种适合当前情况经济发展模式——C 模式。G 模式是在前两者的基础上，提出的一种具有普适性的绿色发展模式，既适应于发达国家，又适应于发展中国家，四者关系如图 7-1 所示。[1]

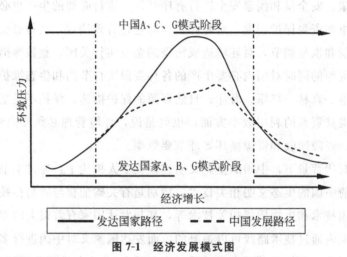

图 7-1　经济发展模式图

资料来源：牛文元，2010。

所谓 A 模式，就是美国地球政策研究所所长莱斯特·R. 布朗（2003）提出的以化石燃料为基础，以汽车为中心的用后即弃型经济，并建立在环境是经济一部分的理论之上，认为自然界取之不尽，用之不竭。其实质就是高资源消耗、高环境污染的经济发展模式，它以人为过度消耗地球自然资源为代价，其经济特征是"生产—分配—交换—消费"单向度的线性经济，表现为经济增长和环境压力同步发展，经济高效率的取得，以生态之无价和资源环境的巨大破坏为代价。今天，绝大多数发展中国家仍然处于 A 模式的发展状态。传统 A 模式以经济增长为中心，以追求 GDP 为唯一目标；随着世界人口的不断增长，

① 牛文元. 中国科学发展报告（2010）[R]. 北京：科学出版社，2010；41.

造成资源枯竭，环境急剧恶化，生态破坏日益严重，社会分化急速加剧，人类
文明陷入困境。[①]

　　人类文明所处的困境和面临的危机呼唤新的发展模式与理念，莱斯特·
R. 布朗提出了一种综合性的发展模式——B 模式。B 模式要求经济发展与环境
绝对脱钩的减物质化模式，它要求经济增长的同时实现大规模的减物质化。其
目标是：在经济持续正增长的同时，环境压力出现零增长甚至是负增长，经济
发展与环境压力二者之间开始"脱钩"。它为全球经济持续发展，避免因环境
继续恶化终而导致经济衰退提供了切实可行的途径，使 A 模式存在的问题不
至于发展到失控的地步。

　　B 模式是目前西方发达国家正在实施的发展模式，欧洲国家提出了在 21
世纪要实现总生态效率为"倍数 4"的发展目标，"倍数 4"就是经济增长 1
倍，而物质消耗和污染排放量要比现在减少一半（魏茨察克等，2001）。莱斯
特·R. 布朗（2009）提出的 B 模式的目标包括：消除贫困，稳定人口；恢复
地球本来面貌；让 80 亿人吃饱吃好；设计以人为本的城市；提高能效；调节
能源结构，转向可再生能源。同时提出实施 B 模式的路径：稳定人口规模，稳
定气候，改善生态环境；建立能反映环境成本的市场机制；税项转移，补贴
转移。[②]

　　资源的短缺和环境压力的增大迫使我国不能再延续传统的 A 模式，同时我
国的发展阶段、科技水平和管理能力与发达国家又有一定的差距，因此西方发达
国家的 B 模式也不适用于我国的经济发展。鉴于我国加快全面建设小康社会进
程，保持经济持续快速增长，资源消耗的增加是难以避免的，我国学者褚大建和
钱斌华（2006）提出了适合我国国情的经济发展模式，简称 C（China）模式
（如图 7-2 所示）。在 C 模式中，中国的经济仍保持大幅度的增长，同时资源消耗
和污染产生量先减速增长，然后再趋于稳定，最后在我国的科技水平提高到较高
水平的基础上大幅度地减少资源消耗和污染物排放，使环境压力区域回落。

　　C 模式也称 1.5～2 倍数发展战略，就是中国到 2020 年经济总量翻两番，
同时允许资源的消耗和污染产生量最多增加 1 倍左右，用不高于 2 倍的自然资
本消耗换取 4 倍的经济增长和相应的社会福利。该模式赋予我国的经济社会发
展一个 15～20 年左右的缓冲时间，并希望经过这样一个阶段的增长方式调整，

① 牛文元. 中国科学发展报告（2010）[R]. 北京：科学出版社，2010：42.
② 牛文元. 中国科学发展报告（2010）[R]. 北京：科学出版社，2010：42.

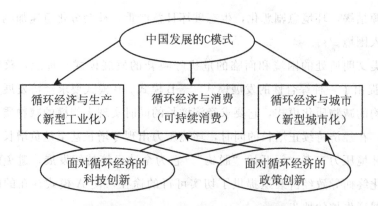

中国循环经济的模式、领域与保障

图 7-2　适合我国国情的经济发展模式——C 模式

资料来源：诸大建，2008。

最终达到一种相对稳定的减物质化阶段。一方面，在资源消耗和污染产生方面，它比传统的 A 模式有一半以上的大幅度降低；另一方面，它符合生态经济的公平要求，即在给中国 13 亿人改善生活、提供合理发展空间的同时，也为世界创造更加安全的生存环境。到 2020 年以后，中国将有可能实施"倍数4"的更进一步的绿色发展战略，即经济总量翻一番，但资源消耗和污染产生实现减半，从而使得中国的经济发展与环境压力实现脱钩发展。而在中国，对于上海、北京、广东等东部沿海发达地区，由于发展阶段领先于其他地区，因此需要率先实行大幅度的减物质化战略，以便于到 2020 年能够在经济与环境双赢的基础上基本实现现代化。[①]

　　作为对中国发展模式的一种探索，C 模式是由一系列的具体领域和政策保障来支撑的。要推行 C 模式，需要从生产、消费和空间等三大领域以及科技和体制两大层面加以支撑。具体而言，要通过新型产业化，从产业结构中挖掘提高资源生产率的宏观潜力；通过新型现代化或者可持续消费，从产品功能上挖掘提高资源生产率的微观潜力；通过新型城市化，从城乡空间中挖掘提高资源生产率的中观潜力。除此之外，在科技层面，需要技术性改进和结构性改进同时并举来提高资源生产率；在制度层面，需要行政性推进与体系性推进同时并举来提高资源生产率。[②]

[①]　牛文元. 中国科学发展报告（2010）[R]. 北京：科学出版社，2010：43.
[②]　牛文元. 中国科学发展报告（2010）[R]. 北京：科学出版社，2010：43.

鉴于 B 模式只适应于经济发展水平较高的发达国家，而 C 模式是符合中观经济发展阶段的循环经济模式，中国目前的发展需要一种全新的普适性的发展模式——G（Green）模式。所谓的 G 模式，就是绿色发展模式，是以绿色新政为引领，以绿色能源为基础，以绿色消费为导向，以绿色城市为载体，以绿色经济为核心的可持续发展模式。

在 2008 年全球遭遇金融危机的大背景下，经济受挫之时，各国也将此次危机作为经济结构转型的重要契机。在联合国环境规划署的倡导下，各国纷纷施行绿色新政，以此引领国家发展模式的变革。推行绿色新政，其主要内容包括：发展绿色经济，实行绿色能源政策。传统经济模式带来的后果，多数由于大量使用传统能源，造成资源枯竭，环境污染，要改变这一状况，就必须大力发展绿色能源，减少生态环境压力，以此为基础来推动绿色经济。绿色经济区别于传统的高污染、高消耗经济，追求以最少的资源消耗、环境污染来发展经济，是 G 模式的核心内容。同时，绿色经济倡导绿色消费，不仅要求现代人的消费应环保、节约资源，还应是可持续的，倡导绿色消费的主要载体是城市，营造绿色城市，离不开绿色能源的支持；此外，绿色城市的建立，也能为绿色能源的推广，绿色经济的深化发展缔造条件。[①]

中国特色的生态文明之路，就需要坚持以"G 模式"作为我国新阶段、新形势下的战略选择，既为我国的新型工业化、新型城市化发展赢得空间，实现我国经济社会的科学发展，同时也保障我国经济社会的可持续发展。

四、充分发挥制度优势，引领生态文明潮流

目前，气候变化问题已经远远不是一个单纯的环境问题。就此而言，我们需要对国家战略进行重新定位，这绝非是一个简简单单的碳减排问题，而是一个需要从国家战略的高度进行思考的具有系统性和全局性的国家发展战略问题。环境污染与生态恶化没有国界，任何一个国家都不可能单独解决人类所面临的生态环境问题。因此，在建设生态文明时，需要在更深层次和更广的范围内采取协调行动，共同应对全球生态环境所面临的挑战。但是当前发达国家与发展中国家之间、发达国家与其他发达国家之间也存在着诸多的矛盾，就使得生态文明建设的相关合作大打折扣。

2001 年，美国总统拒绝批准旨在减少温室气体排放量以防止地球气候继续变

① 牛文元. 中国科学发展报告（2010）[R]. 北京：科学出版社，2010：44.

暖的《京都议定书》，使美国与欧盟的矛盾加剧，给生态与环境问题的国际合作带来不利因素。2002 年在南非约翰内斯堡举行的可持续发展问题世界首脑会议上，美国总统并没有出席，给大会留下了永远的遗憾。由于各国之间的矛盾重重，使得那次会议并没有完全实现所有的预定目标。环保主义组织的代表认为那个计划是相互妥协的产物而退出会议，以此抗议那次会议将要通过的未来行动计划。

从现实的情况来看，依靠资本主义的良心发现，在全球范围内进行生态文明建设已经不可能。西方经济学研究的对象就是稀缺资源的利润最大化，这也就理所当然地导致了资本主义生态文明建设"自上而下"与"自下而上"的相互矛盾。要真正的建设生态文明，就必须使全世界的人们联合起来，齐心协力，并肩作战，实现全人类的自由发展，而这正是我们社会主义的奋斗目标。因此说，中国具有资本主义制度国家所先天缺乏的制度优势。

尽管说，生态文明就像市场经济一样不存在"姓资和姓社"的问题，但只有在社会主义制度下才能尽情地释放生态文明和可持续发展的自然魅力，保证生态文明和可持续发展得到彻底的贯彻和执行。《易经·系辞上传》说："一阴一阳谓之道。"在资本主义制度下，"自上而下"与"自下而上"是相互矛盾的，会从根本上阻碍生态文明的健康发展。而只有在社会主义制度下才是"自上而下"与"自下而上"相结合的辩证关系，才能真正地促进生态文明的健康发展，只有社会主义的中国才能引领生态文明的潮流。

在我们的生活中，环境污染和生态恶化的现象仍然没有得到有效的控制，地球生态环境正在走向进一步的危机。温室气体排放、沙漠化、水危机、森林减少、土壤酸碱化、气候异常、自然灾害频发、人口继续膨胀、贫富差距继续扩大等一系列的问题都没有得到有效的控制，而且有愈演愈烈之势。良好的生态系统的建立需要一个漫长的过程，生态系统被破坏的初期一般不易被人们觉察，等到人们意识到危机来临时再加以修复，则是一件非常艰难的事情。

参 考 文 献

国外著作：

[1] [美] Hilary Putnam. Beyond the Fact/value Dichotomy, A. I. Tauber ed. , Science and the Quest for Reality, Macmillan Press Ltd. , 1997.

[2] [美] Feyerabend, Paul Karl. Realism, Rationalism and Scientific Method, Cambridge University Press, 1981.

[3] [美] Feyerabend, Paul K. Problems of Empiricism. Cambridge: Cambridge University Press, 1981.

[4] [美] Thomas Samuel Kuhn. The Structure of Scientific Revolutions. Chicago: the University of Chicago Press, 1970.

[5] [匈] Imre, Lakatos. The Methodololgy of Scientific Research Programmes. John Worrall and Gregory Currie (eds.) Cambridge: Cambridge Univeristy Press, 1978.

[6] [美] Larry Laudan, Science and Value. University of California Press, 1984.

[7] [美] Newton—Smith, W. H. , The Rationality of Science. Routledge, 1981.

[8] [美] Hilary Putnam. Reason, Truth and History. Cambridge: Cambridge University Press, 1981.

[9] [美] Rothbart, Daniel, (ed.) Science Reason and Reality, Peking University, 2002.

[10] [美] Dudley, Shapere, Reason and the Search for Knowledge. D. Reidel Publishing Company, 1984.

[11] [美] Watkins, John, Science and Scepticism. Princeton: Princeton University Press, 1984.

[12] [美] Ihde, Don. Technology and the Lifeworld. Bloomington: Indiana University Press.

[13] [美] Heidegger, Martin, The Question Concerning Technology and Other Essays. Harper and Row, Publishers, New York, 1977.

[14] [美] Heidegger, Martin, Contributions to Philosophy (from Enowning), Indiana University Press, Bloomington and Indianapolis, 1999.

[15] [美] Heidegger, Martin, Being and Time. Basil Blackwell Publisher Ltd, Oxford, 1985.

[16] [美] Edmund, Husserl, The Crisis of European Sciences and Transcendental Phenomenology, Northwestern University Press, Evanston, 1970.

[17] [美] 欧文·拉兹洛. 李创同译. 系统、结构和经验 [M]. 上海：上海译文出版社，1987.

[18] [美] 莱斯特·R. 布朗. 林自新译. B 模式 [M]. 北京：东方出版社，2003.

[19] [美] 丹尼斯·L. 梅多斯. 赵旭等译. 超越极限 [M]. 上海：上海译文出版社，2001.

[20] [美] 丹尼斯·L. 梅多斯. 李宝恒译. 增长的极限 [M]. 长春：吉林人民出版社，1997.

[21] [美] 赫尔曼·E. 戴利. 赵旭等译. 超越增长 [M]. 上海：上海译文出版社，2001.

[22] [法] 弗朗索瓦·佩鲁. 张宁译. 新发展观 [M]. 北京：华夏出版社，1991.

[23] [澳] M. Bridstock. 刘立译. 科学技术与社会导论 [M]. 北京：清华大学出版社，2005.

[24] [比] 伊里亚·普里戈金. 曾庆宏，沈小峰译. 从混沌到有序 [M]. 上海：上海译文出版社，1987.

[25] [美] 迈克尔·波特. 陈小悦译. 竞争战略 [M]. 北京：华夏出版社，2005.

[26] [美] 冯·贝塔朗菲. 魏宏森等译. 一般系统论：基础、发展和应用 [M]. 北京：清华大学出版社，1987.

[27] [美] 罗伯特·金·默顿. 范代年等译. 十七世纪英格兰的科学技术与社会 [M]. 北京：商务印书馆，2002.

[28] [法] 昂利·彭加勒. 李醒民译. 科学的价值 [M]. 沈阳：辽宁教育出版社，2000.

[29] [德] 汉伯里·布朗. 李醒民译. 科学的智慧——它与文化和宗教的关联 [M]. 沈阳：辽宁教育出版社，1998.

[30] [德] 弗里德里希·奥斯特瓦尔德. 李醒民译. 自然哲学概论 [M]. 北京：华夏出版社，2000.

[31] [奥] 恩斯特·马赫. 李醒民译. 认知与谬误——探究心理学论纲 [M]. 北京：华夏出版社，2000.

[32] [美] 卡逊. 吴国盛译. 寂静的春天 [M]. 北京：科学出版社，2007.

[33] [美] 凯瑟琳·库伦博士. 朴淑瑜译. 科学技术与社会——站在科学前沿的巨人 [M]. 上海：上海科学技术文献出版社，2007.

[34] [日] 星野芳郎. 毕晓辉，董守义译. 未来文明的原点 [M]. 哈尔滨：哈尔滨工业大学出版社，1985.

[35] [英] 丹皮尔. 李珩译. 科学史及其与哲学和宗教的关系. 桂林：广西师范大学出版社，2009.

[36] [英] 李约瑟. 卢嘉锡，路甬祥，张存浩，汝信，席泽宗等译. 中国科学技术史 [M]. 北京：科学出版社，1990.

[37] [匈] 拉卡托斯. 兰征译. 科学研究纲领方法论 [M]. 上海：上海译文出版社，1986.

[38] [英] 卡尔·波普尔. 邱仁宗等译. 科学发现的逻辑 [M]. 北京：中国美术学院出版社，2008.

[39] [英] 卡尔·波普尔. 季重，纪树立，周昌忠，蒋弋为等译. 猜想与反驳 [M]. 上海：上海译文出版社，1980.

[40] [美] 朱克曼. 周叶谦，冯世则译. 科学界的精英：美国的诺贝尔奖金获得者 [M]. 北京：商务印书馆，1979.

[41] [美] 希拉·贾撒诺夫等. 盛晓明译. 科学技术论手册 [M]. 北京：北京理工大学出版社，2004.

[42] [日] 牧口常三郎. 马俊峰等译. 价值哲学 [M]. 北京：中国人民大学出版社，1989.

[43] [法] 拉图尔著. 刘文旋译. 科学在行动：怎样在社会中跟随科学家和工程师 [M]. 北京：东方出版社，2005.

[44] [美] 莱斯特·R. 布朗. 林自新译. 生态经济：有利于地球的经济构想 [M]. 北京：东方出版社，2003.

[45] [美] 格蕾琴·C. 戴利. 郑晓光译. 新生态经济：使环境保护有利可图的探索 [M]. 上海：上海科技教育出版社，2005.

[46] [丹] 扬戈逊. 张修峰，陆健健，何文册等译. 生态模型基础 [M]. 北京：高等教育出版社，2008.

[47] [美] 乔治·F. 汤普森. 何平译. 生态规划设计 [M]. 北京：中国林业出版社，2008.

[48] [英] Jo Treweek. 国家环境保护总局环境工程评估中心译. 生态影响评价 [M]. 北京：中国环境科学出版社，2006.

[49] [美] 奥德姆. 陆健健译. 生态学基础 [M]. 北京：高等教育出版社，2008.

[50] [印] 萨拉·萨卡. 张淑兰译. 生态社会主义还是生态资本主义 [M]. 济南：山东大学出版社，2008.

[51] [瑞典] 雨诺·温布拉特. 朱强，肖钧译. 生态卫生——原则方法和应用 [M]. 北京：中国建筑工业出版社，2006.

[52] [德] 弗里德希·亨特布尔格. 葛竞天等译. 生态经济政策——在生态专制和环境灾难之间 [M]. 大连：东北财经大学出版社，2005.

[53] [英] 布赖恩·巴克斯特. 曾建平译. 生态主义导论 [M]. 重庆：重庆出版社，2007.

[54] [美] 约翰·贝拉米·福斯特. 耿建新，宋兴元译. 生态危机与资本主义 [M]. 上海：上海译文出版社，2006.

[55] [美] 莱斯特·R. 布朗等著. 程永来等译. 塑造未来的大趋势（1996）[M]. 北京：科学技术文献出版社，1998.

[56] [美] 约翰·奈斯比特，[德] 多丽丝·奈斯比特. 魏平译. 中国大趋势：新社会的八大支柱 [M]. 北京：中华工商联合出版社，2009.

国内著作：

[1] 张坤民等 . 低碳经济论 [M]. 北京：中国环境科学出版社，2008.

[2] 黄平等 . 中国与全球化：华盛顿共识还是北京共识 [M]. 北京：社会科学文献出版社，2005.

[3] 周寄中 . 科学技术与创新管理 [M]. 北京：经济科学出版社，2002.

[4] 金吾伦 . 感悟科学——科学哲学探询 [M]. 长沙：湖南人民出版社，2007.

[5] 殷登祥 . 科学技术与社会导论 [M]. 陕西：陕西人民教育出版社，1997.

[6] 殷登祥 . 科学技术与社会概论 [M]. 广州：广东教育出版社，2007.

[7] 徐长福 . 理论思维与工程思维 [M]. 上海：上海人民出版社，2002.

[8] 殷登祥 . 技术的社会形成 [C]. 北京：首都师范大学出版社，2004.

[9] 陈凡 . 科技与社会（STS）研究：2007 年第 1 卷 [M]. 沈阳：东北大学出版社，2008.

[10] 马来平 . 科技与社会引论 [M]. 北京：人民出版社，2001.

[11] 刘啸霆 . 科学技术与社会概论 [M]. 北京：高等教育出版社，2008.

[12] 吴惠之 . 科技与社会的关系论——对西方思潮挑战的回答 [M]. 上海：同济大学出版社，1992.

[13] 钱时惕 . 科技革命的历史现状与未来 [M]. 广州：广东教育出版社，2007.

[14] 黄顺基 . 新科技革命与中国现代化 [M]. 广州：广东教育出版社，2007.

[15] 钟义信 . 社会动力学与信息化理论 [M]. 广州：广东教育出版社，2007.

[16] 朱圣庚 . 生物科技与当代社会 [M]. 广州：广东教育出版社，2007.

[17] 黄志澄 . 航天科技与当代社会第四次浪潮 [M]. 广州：广东教育出版社，2007.

[18] 陈凡 . 文化与创新——第六届东亚科技与社会（STS）国际会议论文集 [C]. 沈阳：东北大学出版社，2007.

[19] 肖峰 . 现代科技与社会 [M]. 北京：经济管理出版社，2003.

[20] 李伯聪等 . 工程研究——跨学科视野中的工程 [C]. 北京：北京理工大学出版社，2006.

[21] 肖峰 . 哲学视域中的技术 [M]. 北京：人民出版社，2007.

[22] 吴彤 . 自组织方法论研究 [M]. 北京：清华大学出版社，2001.

[23] 李伯聪 . 工程哲学引论：我造物故我在 [M]. 郑州：大象出版社，2002.

[24] 李伯聪 . 高科技时代的符号世界 [M]. 天津：天津科技出版社，2000.

[25] 李醒民 . 狭义相对论的创立 [M]. 成都：四川教育出版社，1994.

[26] 孙小礼 . 现代科学的哲学争论 [C]. 北京：北京大学出版社，1995.

[27] 吴国盛 . 科学的历程 [M]. 北京：北京大学出版社，2002.

[28] 陈凡 . 技术思考 [M]. 沈阳：辽宁人民出版社，2008.

[29] 陈凡 . 技术与哲学研究（第 1 卷）[C]. 沈阳：辽宁人民出版社，2004.

[30] 陈凡. 技术与哲学研究（第 2 卷）[C]. 沈阳：辽宁人民出版社，2006.

[31] 陈凡. 技术与哲学研究（第 4 卷）[C]. 沈阳：东北大学出版社，2006.

[32] 李成智. 技术与哲学研究（第 3 卷）[C]. 北京：北京航空航天大学出版社，2008.

[33] 张彦. 科学价值系统论——对科学家和科学技术的社会学研究 [M]. 北京：社会科学文献出版社，1994.

[34] 杨德才. 科学技术的社会应用 [M]. 武汉：湖北人民出版社，1993.

[35] 李京文. 人类文明的原动力：科技进步与经济发展 [M]. 西安：陕西人民出版社，1997.

[36] 赵俊杰. 科技复兴：欧洲的梦想与现实 [M]. 西安：陕西人民出版社，1997.

[37] 王国瑞等. 第四个中心：科学技术与亚洲新兴工业国 [M]. 西安：陕西人民出版社，1997.

[38] 马名驹等. 再创辉煌——科技西进与均衡战略 [M]. 西安：陕西人民出版社，1997.

[39] 冯昭奎等. 技术立国之路：科学技术与日本社会 [M]. 西安：陕西人民出版社，1997.

[40] 周寄中. 最后的抉择——科学技术与教育 [M]. 西安：陕西人民出版社，1997.

[41] 袁正光. 现代文明的基石——科学、技术与社会 [M]. 北京：中国协和医科大学出版社，2003.

[42] 孙海英. 科学技术与社会 [M]. 南京：南京出版社，1995.

[43] 蔡子亮等. 现代科学技术与社会发展 [M]. 郑州：郑州大学出版社，2006.

[44] 肖峰. 技术发展的社会形成 [M]. 北京：人民出版社，2002.

[45] 赵万里. 科学的社会建构：科学的知识社会学的理论与产践 [M]. 天津：天津人民出版社，2002.

[46] 杨怀中等. 科技文化与当代中国和谐社会建构 [M]. 北京：中国社会科学出版社，2008.

[47] 王宏波. 现代科技与社会人文解析——科学技术与社会的交互研究 [M]. 西安：西安交通大学出版社，2008.

[48] 何明升. 高技术与社会：多行为系统的社会工程学研究 [M]. 北京：社会科学文献出版社，2008.

[49] 肖炼等. 软件上的大国——高科技与美国社会[M]. 西安：陕西人民教育出版社，1997.

[50] 舒炜光等. 当代西方科学哲学述评 [M]. 北京：中国人民大学出版社，2007.

[51] 云正明等. 生态工程 [M]. 北京：气象出版社，1998.

[52] 章家恩. 生态规划学 [M]. 北京：化学工业出版社，2009.

[53] 孙儒泳. 生态学进展 [M]. 北京：高等教育出版社，2008.

[54] 陈声明等. 生态保护与生物修复 [M]. 北京：科学出版社，2008.

[55] 黎华寿. 生态保护导论 [M]. 北京：化学工业出版社，2009.

[56] 赵桂慎. 生态经济学 [M]. 北京：化学工业出版社，2009.

[57] 李季等. 生态工程 [M]. 北京：化学工业出版社，2008.

[58] 刘玉龙. 生态补偿与流域生态共建共享 [M]. 北京：中国水利水电出版社，2007.

[59] 朱圣潮. 生态系统健康与生态产业建设 [M]. 北京：气象出版社，2007.

[60] 刘爱军. 生态文明与环境立法 [M]. 济南：山东人民出版社，2007.

[61] 孙鸿烈. 生态系统综合研究 [M]. 北京：科学出版社，2009.

[62] 陈宜瑜. 生态系统定位研究 [M]. 北京：科学出版社，2009.

[63] 吴凤章. 生态文明构建——理论与实践 [M]. 北京：中央编译出版社，2008.

[64] 胡筝. 生态文化：生态实践与生态理性交汇处的文化批判 [M]. 北京：中国社会科学出版社，2006.

[66] 鞠美庭. 生态城市建设的理论与实践 [M]. 北京：化学工业出版社，2007.

[67] 谢鸿宇. 生态足迹评价模型的改进与应用 [M]. 北京：化学工业出版社，2008.

[68] 高甲荣. 生态环境建设规划 [M]. 北京：中国林业出版社，2006.

[69] 王晓宇. 生态农业建设与水资源可持续利用 [M]. 北京：中国水利水电出版社，2008.

[70] 李爱年. 生态效益补偿法律制度研究 [M]. 北京：中国法制出版社，2008.

[71] 郭日生. 生态补偿原理与应用 [M]. 北京：社科文献出版社，2009.

[72] 张洪军. 生态规划——尺度空间布局与可持续发展 [M]. 北京：化学工业出版社，2007.

[73] 彭斯震. 生态工业园规划与管理指南 [M]. 北京：化学工业出版社，2008.

[74] 姬振海. 生态文明论 [M]. 北京：人民出版社，2007.

[75] 陈学明. 生态文明论 [M]. 重庆：重庆出版社，2008.

[76] 孙道进. 马克思主义环境哲学研究 [M]. 北京：人民出版社，2008.

[77] 王海滨. 生态资本运营——生态涵养发展区走向生态文明的价值观和方法论 [M]. 北京：中国农业大学出版社，2009.

[78] 廖福霖等. 生态生产力导论——21世纪财富的源泉和文明的希望 [M]. 北京：中国林业出版社，2007.

[79] 刘文良. 范畴与方法——生态批评论 [M]. 北京：人民出版社，2009.

[80] 严耕. 生态文明的理论与系统建构 [M]. 北京：中央编译出版社，2008.

[81] 陈丽鸿等. 中国生态文明教育理论与实践 [M]. 北京：中央编译出版社，2009.

[82] 鄂云龙. 草原文明与生态和谐——生态文化高层论坛文集 [C]. 北京：民族出版社，2007.

[83] 韩也良. 生态旅游与生态文明高峰论坛文集 [C]. 北京：中国环境科学出版社，2008.

[84] 陈小红. 加里·斯奈德的生态伦理思想研究 [M]. 广州：中山大学出版社，2008.

[85] 傅崇兰. 建设节约型社会战略研究 [M]. 北京：社科文献出版社，2007.

[86] 张慕薄等. 中国生态文明建设的理论与实践 [M]. 北京：清华大学出版社，2008.

［87］王开运．生态承载力复合模型系统与应用［M］．北京：科学出版社，2007．

［88］曾刚．生态经济的理论与实践——以上海崇明生态经济规划为例［M］．北京：科学出版社，2008．

［89］邓启明．基于循环经济的现代农业研究——高效生态农业的理论与区域实践［M］．杭州：浙江大学出版社，2007．

［90］吕昭河．人口资源环境与可持续发展研究——以云南案例［M］．北京：中国社会科学出版社，2008．

［91］熊春锦．老子人法地思想揭秘［M］．北京：团结出版社，2008．

［92］傅治平．第四文明——天人合一的时代交响［M］．北京：红旗出版社，2007．

［93］任勇等．中国生态补偿理论与政策框架设计［M］．北京：中国环境科学出版社，2008．

［94］邢怀滨．社会建构论的技术观［M］．沈阳：东北大学出版社，2003．

［95］中国科学技术信息研究所．能源技术领域分析报告2008［R］．北京：科学技术文献出版社，2008．

［96］中华人民共和国科技部．国际科学技术发展报告2009［R］．北京：科学出版社，2009．

［97］牛文元．中国科学发展报告2010［R］．北京：科学出版社，2010．

［98］张文台．生态文明建设论［M］．北京：中共中央党校出版社，2010．

［99］领导决策信息杂志社．大参考1005［M］．北京：中国时代经济出版社，2010．

［100］中华人民共和国科技部．国际科学技术发展报告2010［R］．北京：科学出版社，2010．

内容简介

生态文明是继农业文明、工业文明之后的一种新的文明形态，是人类社会实现可持续发展的重要保证。当前，生态文明已经成为学术研究的重点和热点问题，各学科学者从不同方面采取不同方法对有关问题进行了大量的研究。本书运用欧美新兴的技术研究理论——技术的社会形成理论（SST），对生态文明、可持续发展、绿色发展等重大理论问题进行前沿性的探讨。一方面，拓宽了生态文明的研究视角，得出一系列新的观点，对我国生态文明建设提出了切实可行的建议；另一方面，这种研究也是对SST理论方法的适用范围的尝试性扩展。本书适用于各级有关领导干部、能源、环境及生态文明与可持续发展方面的科研人员阅读参考。

责任编辑／杨晓天　张兆金
封面设计／韩枫工作室

ISBN 978-7-5534-9830-0

9 787553 498300 >

定价：56.00元